Kurt Kettler
unter Mitarbeit von: Siegrid Hötger

Bautechnik

Formeln · Tabellen · Anwendungen

1. Technische Mathematik
2. Bautechnische Physik
3. Richtgrößen der Baustoffe
4. Baustoffbedarf, Aufmaß und Abrechnung

5. Auflage

Bestellnummer 0632A

■ Bildungsverlag EINS

Haben Sie Anregungen oder Kritikpunkte zu diesem Produkt?
Dann senden Sie eine E-Mail an 0632A_005@bv-1.de
Autoren und Verlag freuen sich auf Ihre Rückmeldung.

Bildquellenverzeichnis
Fotolia.com: iBart (S. 95), ThinMan (S. 53)
Institut für konstruktiven Ingenieurbau, FG Massivbau, Universität Kassel (S. 39)
PERI GmbH, Weißenhorn (S. 7)

www.bildungsverlag1.de

Bildungsverlag EINS GmbH
Hansestr. 115, 51149 Köln

ISBN 978-3-8237-**0632**-8

Inhaltsverzeichnis

Inhaltsverzeichnis

Vorwort

Berechnungsformeln und Baustoffkenngrößen sind für alle Bauberufe unbedingt erforderlich.

Gerade wo heute handlungs- und projektorientierter Unterricht gefordert wird, muss der Schüler in die Lage versetzt werden, einfache Mengen- und Materialberechnungen einschließlich Zeitbedarf selbstständig durchführen zu können.

Mithilfe dieses Formel- und Tabellenwerkes können in den einzelnen Gewerken, gemäß Ausbildungsrahmen- bzw. Rahmenlehrplan, die von unseren Schülern geforderten Berechnungen relativ einfach vorgenommen werden.

Wir haben uns dabei auf das – unserer Meinung nach – Notwendige beschränkt, damit der Schüler am Ende seiner Ausbildung die gestellten Anforderungen erfüllen kann.

Das bedeutet im Einzelnen:

- alle (mathematischen) Formeln sind nach fast allen Unbekannten umgestellt,
- physikalische Probleme sind auf die Bereiche Kräfte, Spannungen und Wärme begrenzt,
- Baustoffkenngrößen sind nach der „klassischen" Trennung in Lernbereiche auf die wichtigsten Richtwerte – evtl. mit Handhabungsbeispielen – beschränkt,
- Mengen- und Materialberechnungen werden in jedem Lernbereich durch zeitliche Anhaltswerte für (mögliche) durchzuführende Arbeiten ergänzt.

Für Anregungen und Kritik sind wir dankbar.

Kurt Kettler

1. Technische Mathematik

mit Formelumstellungen

Zeichen und Vorsätze

Mathematische Zeichen

Zeichen	Bedeutung	Beispiel
· oder ×	malnehmen	$2 \cdot 3 = 2 \times 3$
: oder / oder ÷	teilen oder Bruch	$3 : 4 = 3/4 = \frac{3}{4}$
≈	ungefähr gleich	1 kg ≈ 10 Newton
=	entspricht, gleich	1 kg = 1000 g
≠	ungleich	$4 \neq 9$
%	Prozent, von 100	3 % = 3/100
‰	Promille, von 1000	3 ‰ = 3/1000

Zeichen	Bedeutung	Beispiel
>	größer als	Höhe > 5 m
≥	größer oder gleich → mindestens	Länge ≥ 5 m
<	kleiner als	Breite < 5 m
≤	kleiner oder gleich → höchstens	Tiefe ≤ 5 m
√	Quadratwurzel	$\sqrt{9} = 3$; $(3 \cdot 3 = 9)$
Σ	Summe	$3 + 4 \rightarrow \Sigma = 7$

Vorsätze von (Maß-) Einheiten

Vorsatz: Silbe	Vorsatz: Zeichen	Zahl	Bedeutung	Beispiel		
Mega	M	1 000 000	Million	MN	**Mega**newton	Vielfache
Kilo	k	1 000	Tausend	kg	**Kilo**gramm	
Hekto	h	100	Hundert	hl	**Hekto**liter	
Deka	da	10	Zehn	dag	**Deka**gramm	
Dezi	d	0,1	Zehntel	dm	**Dezi**meter	Teile
Zenti	c	0,01	Hundertstel	cm	**Zenti**meter	
Milli	m	0,001	Tausendstel	mm	**Milli**meter	

Formelzeichen

Allgemeine Formelzeichen

Formelzeichen und Größe		Einheit	Formelzeichen und Größe		Einheit
b	Breite	m, dm, cm, mm	***A***	Fläche	m^2, cm^2, mm^2
d oder ∅	Durchmesser	m, dm, cm, mm	***F***	Kraft	N, kN, MN
r	Radius (1/2 d)	m, dm, cm, mm	***G***, F_G	Gewichtskraft	N, kN, MN
h	Höhe	m, dm, cm, mm	***n***	Anzahl	keine Einheit
l	Länge	m, dm, cm, mm	***U***	Umfang	m, cm, dm, mm
m	Masse	kg, g, (t = Tonne)	***V***	Volumen	m^3, dm^3, cm^3, mm^3
t	Zeit	s, min, h (Std)	α (Alpha), β (Beta)	Winkel	° (Grad)

Besondere Formelzeichen für den „Bau“

Formelzeichen und Größe		Einheit	Formelzeichen und Größe		Einheit
a	Auftrittbreite	cm	***ü***	Überbindung	cm
am	Achtelmeter	1/8 m = 12,5 cm	λ (Lambda)	Wärmeleitfähigkeit	W/mK
c	Betondeckung	cm	ϱ (Rho)	Dichte	i.d.R. kg/dm3
d, d_1, d_s, d_{mau}	Dicke (Teildicke)	cm, mm	σ (Sigma)	Spannung	N/mm^2, MN/m^2
p oder ***n***	Steigung	(% oder 1 : ...)	σ_d	Druckfestigkeit	N/mm^2, MN/m^2
s	Spannweite	m	τ (Tau)	Scherspannung	N/mm^2, MN/m^2
A, B	Auflagerkräfte	N, kN, MN	⊾	rechter Winkel	90° (Grad)

Als *Index* verwendet man z. B. → **o** für oben: A_o (Fläche oben). Weiter: **u** (unten) **i** (innen) **a** (außen) u. a.
Auch: d_{br} (Durchmesser der Biegerolle), V_{ges} (gesamtes Volumen)

10 Grundrechenarten

Rechenart:	Rechenregeln:	Beispiele:
1. **Addition** (Zusammenzählen)	• Es dürfen nur Zahlen mit gleichen Einheiten addiert werden	4 m + 8 cm = 4 m + 0,08 m = 4,08 m 4 m + 2 … = *geht nicht!*
	• Die Reihenfolge der Werte ist beliebig	0,4 m + 5 m = 5 m + 0,4 m = 5,4 m
2. **Subtraktion** (Abziehen)	• Es dürfen nur Zahlen mit gleichen Einheiten subtrahiert werden	9 m – 4 m = 5 m 6 m – 20 cm = 6 m – 0,20 m = 5,80 m 9 m – 4 … = *geht nicht!*
	• Die Reihenfolge der Werte darf nicht vertauscht werden	4 m – 9 m = *vertauscht* ⇒ *geht nicht!*
3. **Multiplikation** (Malnehmen)	• Die Reihenfolge der Faktoren darf vertauscht werden	$5\ m \cdot 4\ m = 4\ m \cdot 5\ m = 20\ m^2$
	• Auch die (gleichen) Einheiten werden multipliziert	$2\ m \cdot 5\ cm = 2\ m \cdot 0{,}05\ m = 0{,}1\ m^2$
	• Es darf auch mit einem Faktor (ohne Einheit) multipliziert werden	6 cm · 3 … = 18 cm ⇒ *geht!*
4. **Division** (Teilen)	• Dividend und Divisor (Teiler) dürfen nicht vertauscht werden	80 m : 10 m = 8 … ⇒ *ohne Einheit* 10 m : 80 m = 0,125 ⇒ *geht zwar, aber das Ergebnis ist anders*
	• Es darf auch mit einem Divisor (ohne Einheit) dividiert werden	80 m : 10 … = 8 m
	• Durch „Null“ darf nicht dividiert werden	80 : 0 ⇒ *geht nicht* ⇒ *verboten!*

Mathematische Grundregeln

Regel 1 — Nur mit gleichen Einheiten rechnen

Beispiele: 3 **m** + 6 cm = 3 m + 0,06 **m** = 3,06 m → 3 m · 6 mm = 300 **cm** · 0,6 **cm** = 180 cm^2

Regel 2 — Nur mit vergleichbaren Einheiten rechnen

Beispiele: 1 000 **km/h**   700 **m/min ?** = **42 km/h !!**

Regel 3 — **Reihenfolge** beim Rechnen: **Klammer** zuerst, dann **Punkt**-, dann **Strich**rechnung

Beispiele:

4 + 3 · 2 = **10** → aber: (4 + 3) · 2 = **14**

3 m + 6 · 4 m = 27 m → Falsch: 6 · 4 m + 3 m = 6 · 7 m = 42 m

4 · (4 m + 3 m) = 4 · 7 m = 28 m → aber: 4 m : (4 m + 3 m) = 4 m : 7 m = 0,57

Regel 4 — „Vorzeichenregeln“ beachten

Beispiele:

Zusammenzählen:	Abziehen:	Malnehmen:	Teilen:
		(+ 2) · (+ 3) = 6	(+ 2) : (+ 3) = 0,66
2 + (+ 3) = 2 + 3 = 5	2 −(+ 3) = 2 − 3 = −1	(− 2) · (− 3) = 6	(− 2) : (− 3) = 0,66
2 + (− 3) = 2 − 3 = −1	2 −(− 3) = 2 + 3 = 5	(+ 2) · (− 3) = −6	(+ 2) : (− 3) = −0,66
		(− 2) · (+ 3) = −6	(− 2) : (+ 3) = −0,66
⇓	⇓	⇓	⇓
		(+ …) · (+ …) = +	(+ …) : (+ …) = +
… + (+ …) = +	… − (+ …) = −	(− …) · (− …) = +	(− …) : (− …) = +
… + (− …) = −	… − (− …) = +	(+ …) · (− …) = −	(+ …) : (− …) = −
		(− …) · (+ …) = −	(− …) : (+ …) = −

12 Bruchrechnen

Malnehmen von Brüchen ...

... mit einer ganzen Zahl	... mit einem anderen Bruch:
• Nur den Zähler mit der ganzen Zahl malnehmen *Beispiel:* $\frac{4}{5} \cdot 7 = \frac{4 \cdot 7}{5} = \frac{28}{5}$	• Zähler mal Zähler, Nenner mal Nenner *Beispiel:* $\frac{4}{5} \cdot \frac{3}{7} = \frac{4 \cdot 3}{5 \cdot 7} = \frac{12}{35}$

Teilen von Brüchen ...

... mit einer ganzen Zahl	... mit einem anderen Bruch:
• Nur Nenner mit der ganzen Zahl malnehmen *Beispiel:* $\frac{4}{5} : 7 = \frac{4}{5 \cdot 7} = \frac{4}{35}$	• 2. Bruch umkehren und mit 1. Bruch malnehmen *Beispiel:* $\frac{4}{5} : \frac{3}{7} = \frac{4 \cdot 7}{5 \cdot 3} = \frac{28}{15}$

Erweitern von Brüchen ...

• Zähler und Nenner mit der gleichen Zahl malnehmen. *Beispiel:* $\frac{4}{5} = \frac{4 \cdot 3}{5 \cdot 3} = \frac{12}{15}$

Kürzen von Brüchen ...

Kürzen heißt, einen Bruch zu teilen bis zum „Geht-nicht-mehr“. Dabei wird nacheinander geteilt durch:

⇒ 2, 3, 5, 7 usw. (4? Nein, weil $2 \cdot 2$; 6? Nein, weil $2 \cdot 3$)

Beispiel: $\frac{12}{24}$ →	$\frac{12}{24}$	$\frac{6}{12}$	$\frac{3}{6}$	$\frac{1}{2}$
teilen durch →	2	2	3	

Umstellen von Gleichungen (1)

Hier sind 4 verschiedene Gleichungen. Sie sollen nach der unbekannte „Zahl“ x umgestellt werden.

$3 \cdot x = 6 \cdot 8$ $\qquad$ $\frac{x}{3} = \frac{6}{14}$ $\qquad$ $\frac{46}{3} = 8 \cdot x$ $\qquad$ $\frac{27}{6} = \frac{18}{x}$

Die wichtigste (und einzige) Regel die beim Umstellen von Gleichungen zu beachten ist, lautet:

Alle Umstellungen müssen auf beiden Seiten der Gleichung durchgeführt werden.

Aufgabe: Die Gleichungen sind nach $\mathbf{x}$ umzustellen. Bedeutet: x muss allein (auf einer Seite) stehen.

$3 \cdot x = 6 \cdot 8 \quad : 3$

$\frac{3 \cdot x}{3} = \frac{6 \cdot 8}{3}$

3 gekürzt:

$x = \frac{6 \cdot 8}{3}$

Taschenrechner:

$\mathbf{x = 16}$

$\frac{x}{3} = \frac{6}{14} \quad \cdot 3$

$\frac{x \cdot 3}{3} = \frac{6 \cdot 3}{14}$

3 gekürzt:

$x = \frac{6 \cdot 3}{14}$

Taschenrechner:

$\mathbf{x = 1{,}29}$

$\frac{46}{3} = 8 \cdot x \quad : 8$

$\frac{46}{3 \cdot 8} = \frac{8 \cdot x}{8}$

8 gekürzt:

$\frac{46}{24} = x$

Taschenrechner:

$\mathbf{1{,}9 = x}$ oder $\mathbf{x = 1{,}9}$

$\frac{27}{6} = \frac{18}{x} \quad \cdot x \quad \rightarrow \frac{27 \cdot x}{6} = \frac{18 \cdot x}{x}$

x gekürzt: $\rightarrow \frac{27 \cdot x}{6} = 18$

Gleichung · 6: $\rightarrow 27x = 18 \cdot 6$

Geteilt durch 27: $\rightarrow x = \frac{18 \cdot 6}{27}$

Taschenrechner: $\mathbf{x = 4}$

14 Umstellen von Gleichungen (2)

Meist werden die Zahlenwerte erst am Schluss eingesetzt, vorher bleiben die *Formelzeichen* stehen.
→ *dabei treten die meisten Fehler beim Umgang mit den möglichen* Brüchen *auf.*

1	2	3	4	5	6	
$d = \frac{l}{b}$	$d = \frac{l}{b_1 + b_2}$	$h = \frac{l \cdot b}{a}$	$A = \frac{l_1 + l_2}{h}$	$h = \frac{a + b}{a - b}$	$\frac{l}{b} = \frac{a + b}{c}$	Wie fängt man hier an?

Der erste Schritt immer: **Bruch auflösen.** Und so geht man vor (vgl. Gleichungen **1 – 6**):

Formelgleichung s.o.		Formelgleichung s.o.		Formelgleichung s.o.	
Nr. **1**	$d \cdot b = l$	Nr. **3**	$h \cdot a = l \cdot b$	Nr. **5**	$h \cdot (a - b) = a + b$
Nr. **2**	$d \cdot (b_1 + b_2) = l$	Nr. **4**	$A \cdot h = l_1 + l_2$	Nr. **6**	$l \cdot c = (a + b) \cdot b$

<u>*Beispiel:*</u> $b = \frac{A}{l_1 + l_2}$ gesucht l_2 **l_2 ist zu berechnen**

$b \cdot (l_1 + l_2) = A$ → Bruch auflösen und dann durch b teilen

$(l_1 + l_2) = \frac{A}{b}$ → l_2 dann alleine stellen (isolieren)

$$l_2 = \frac{A}{b} - l_1$$

Dreisatzrechnung

Dreisatz mit **geradem** Verhältnis

Aus den Bildern erkennt man:
Je mehr Arbeiter – **desto mehr** wird erarbeitet.
oder:
Je weniger Arbeiter – **desto weniger** wird erarbeitet.

Dreisatz mit **umgekehrtem** Verhältnis

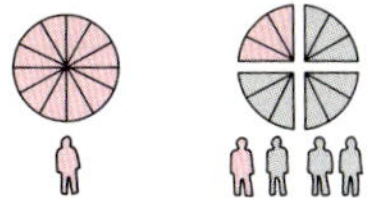

Aus den Bildern erkennt man:
Je mehr Arbeiter – **desto weniger** Arbeit für jeden.
oder:
Je weniger Arbeiter – **desto mehr** Arbeit für jeden.

„Dreisatz-Aufgaben" werden (tatsächlich) in 3 Sätzen gelöst!

Wir bilden: ❶ den „Vorgabe-Satz"; ❷ den „1er-Satz"; ❸ den „Verhältnis-Satz"

Beispiel:
4 Arbeiter erhalten 120,00 EUR.
Wie viel (x) EUR erhalten 6 Arbeiter?
Lösungsgang:

	Arbeiter	Überlegung	Geld
❶	4 ↓	→	120
❷	1 →	den **4. Teil** →	120 : 4
❸	**6** →	das **6 Fache** →	(120 : 4) · 6

x = (120 : 4) · 6 = 180,00 EUR

Beispiel:
4 Arbeiter schaffen eine Arbeit in 8 Stunden.
In wie viel (x) Stunden schaffen dieses 6 Arbeiter?
Lösungsgang:

	Arbeiter	Überlegung	Stunden
❶	4 ↓	→	8
❷	1 →	das **4 Fache** →	8 · 4
❸	6 →	den **6. Teil** →	(8 · 4) : 6

x = (8 · 4) : 6 = 5,33 Stunden

16 Prozentrechnung

In der Prozentrechnung braucht man:

- den Grundwert ***G*** (er ist alles, z. B. 700 Steine, 8 m^3 Beton) → ist gleich 100 %
- den Prozentsatz ***p*** **%** (z. B. 3 %) und den Prozentwert **w** (z. B. 21 Steine).

Mit diesen Formeln lösen Sie alle Prozentaufgaben:

Prozentwert *w* = ?

$$w = \frac{p\,(\%) \cdot G}{100\,(\%)}$$

Beispiel:

Wie viel sind 3 % von 1 500,00 EUR?

bekannt sind damit:

→ Prozentsatz p % = 3 (%)

→ Grundwert G = 1 500,00 EUR

In Formel eingesetzt:

$$w = \frac{3\ \% \cdot 1\,500\ \text{EUR}}{100\ (\%)} = \mathbf{45{,}00\ EUR}$$

Grundwert *G* = ?

$$G = \frac{w \cdot 100\,(\%)}{p\,(\%)}$$

Beispiel:

1,5 % Verschnitt sind 3 m^2.
Wie groß ist die Gesamtmenge?

bekannt sind damit:

→ Prozentsatz p % = 1,5 (%)

→ Prozentwert w = 3 m^2

In Formel eingesetzt:

$$G = \frac{3\ \text{m}^2 \cdot 100\ \%}{1{,}5\ (\%)} = \mathbf{200\ m^2}$$

Prozentsatz *p* = ?

$$p = \frac{w \cdot 100\,(\%)}{G}$$

Beispiel:

Von 4 000 Steinen waren 50 kaputt.
Wie viel Prozent sind das?

bekannt sind damit:

→ Grundwert G = 4 000 Steine

→ Prozentwert w = 50 Steine

In Formel eingesetzt:

$$p = \frac{50\ \text{Steine} \cdot 100\ \%}{4\,000\ \text{Steine}} = \mathbf{1{,}25\ \%}$$

Weitere Möglichkeiten: Der Grundwert G kann vermehrt oder vermindert sein: G_v

Vermehrter Grundwert G_v

$$G_{vp} = \frac{G \cdot (100\ \% + p\ \%)}{100\ (\%)}$$

Verminderter Grundwert G_v

$$G_{vm} = \frac{G \cdot (100\ \% - p\ \%)}{100\ (\%)}$$

Zinsrechnung

In der Zinsrechnung braucht man:

- das Kapital ***K*** (z. B. die 1500,00 EUR, die jemand bei der Bank gespart hat) → ist gleich 100 %
- den Zinssatz ***p* %** (z. B. 5 % für 1 Jahr)
- die Zinsen ***z*** (Das Geld, das ein Sparer erhält.)
- die Laufzeit ***t*** (Bei Banken meist 1 Jahr. Bei „Strafzinsen" – Überziehung – auch Monate oder Tage)

Mit diesen Formeln lösen Sie Zinsrechnungsaufgaben:

Zinsen z = ?

$$z = \frac{K \cdot p\,(\%) \cdot t}{100\,(\%)}$$

Beispiel:

5000,00 EUR wurden gespart. Zinssatz der Bank: 4 %. Wie viel Zinsen gibt es?

bekannt sind damit:

→ Zinssatz p % = 4 (%)

→ Kapital K = 5000,00 EUR

→ Laufzeit t = 1 Jahr

In Formel eingesetzt:

$$z = \frac{5000{,}00 \text{ EUR} \cdot 4\,\% \cdot 1}{100\,\%}$$

***z* = 200,00 EUR**

Kapital K = ?

$$K = \frac{z \cdot 100\,(\%)}{p\,(\%) \cdot t}$$

Beispiel:

Die Bank zahlt 250,00 EUR Zinsen für 1/2 Jahr. Zinssatz: 5 %. Wie groß war das Kapital?

bekannt sind damit:

→ Zinssatz p % = 5 (%)

→ Laufzeit t = 1/2 Jahr

→ Zinsen z = 250,00 EUR

In Formel eingesetzt:

$$K = \frac{250{,}00 \text{ EUR} \cdot 100\,\%}{5\,\% \cdot 0{,}5}$$

***K* = 10000,00 EUR**

Zinssatz p % = ?

$$p = \frac{z \cdot 100\,(\%)}{K \cdot t}$$

Beispiel:

Die Bank gibt 40000,00 EUR. Sie verlangt für 5 Monate 1800,00 EUR Zinsen. Wie hoch ist der Zinssatz?

bekannt sind damit:

→ Kapital (Kredit) K = 40000,00 EUR

→ Laufzeit t = 5 Monate [1]

→ Zinsen z = 1800,00 EUR

In Formel eingesetzt:

$$p = \frac{1800{,}00 \text{ EUR} \cdot 100\,\%}{40000{,}00 \text{ EUR} \cdot 5/12}$$

***p* = 10,8 % pro Jahr**

[1]) 5 Monate = $\frac{5}{12}$ Jahre

Umrechnung von Längeneinheiten

Längeneinheiten

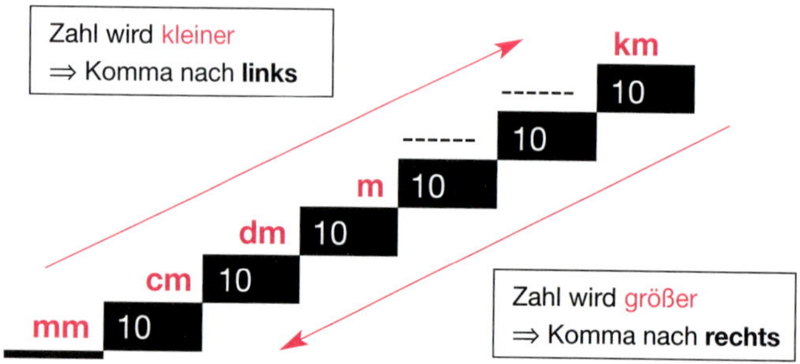

Merke:

Bei Längenumrechnungen „wandert“ das Komma bei **jeder Stufe um 1 Stelle**

Beispiel 1: **271,5 cm = ?? m**

Überlegung:

von cm zu m = ↗ 2 Stufen

= 2 · 1 = 2 (Komma)Stellen nach links

271,5 cm = **2,715 m**

Beispiel 2: **3,855 km = ?? m**

von km zu m = ↙ 3 Stufen

= 3 · 1 = 3 (Komma)Stellen nach rechts

3,855 km = **3855,0 m**

Beachte:

- *Hat ein Zahlenwert **kein Komma,** setzt man es hinter die letzte Zahl und fügt Nullen an!*
  *→ z. B.: 312 = 312,**0000**...*
- *Reichen die Zahlenstellen nach „vorne“ **nicht aus**, setzt man einfach Nullen davor!*
  *→ z. B.: 7,35 = ...**000**7,35*

Steigung und Gefälle, Maßstab

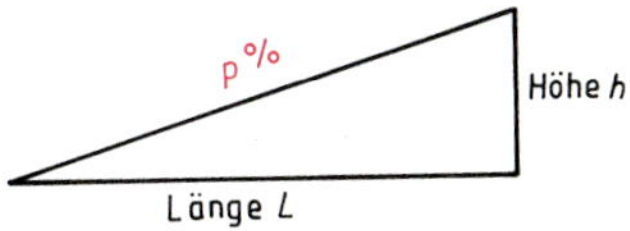

1. Steigung und Gefälle

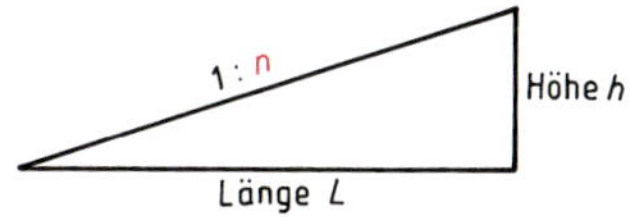

→ als Prozentsatz (z.B.: 10 %)		gesucht:		→ als Verhältniszahl (z.B.: 1:10)
$\mathbf{h} = L \cdot p : 100$	←	Höhe h	→	$\mathbf{h} = L : n$
$\mathbf{L} = h \cdot 100 : p$	←	Länge L	→	$\mathbf{L} = h \cdot n$
$\mathbf{p} = h \cdot 100 : L$	←	Neigung in %		
		Neigung mit n	→	$\mathbf{n} = L : h$
$\mathbf{p}(\%) = 100 : n$	←	p? und n?	→	$\mathbf{n} = 100 : p\ (\%)$

2. **Maßstab**

Maßstab 1 : **100** bedeutet z. B.:

200 cm Weg sind auf der Zeichnung mit 2 cm dargestellt. Es gibt also:
die *„wirkliche Länge"* (hier: **200 cm**), die *„Zeichnungslänge"* (hier **2 cm**) und die *„Verkleinerung"* (hier: **100**fach).

Gesucht:	Beachten: Verkleinerung 50 → Maßstab dann 1 : 50
Zeichungslänge	Zeichnungslänge = wirkliche Länge : Verkleinerung
wirkliche Länge	Wirkliche Länge = Zeichnungslänge · Verkleinerung
Verkleinerung	Verkleinerung = wirkliche Länge : Zeichnungslänge

<u>*Beispiel:*</u> Gesucht: **Wirkliche Länge**	Gegeben: Zeichnungslänge 1,5 cm; Maßstab 1 : 50. Lösung: Wirkliche Länge = 1,5 cm · 50 = 75 cm.

Pythagoras

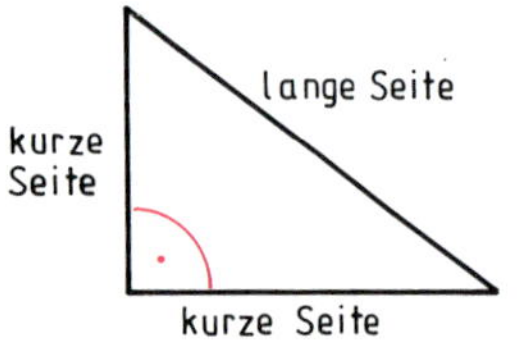

Regel:	(Kurze Seite 1)^2	+	(Kurze Seite 2)^2	=	(Lange Seite)^2
Beispiel:	3^2	+	4^2	=	$\boldsymbol{x^2}$
genau:	$3 \cdot 3$	+	$4 \cdot 4$	=	$\boldsymbol{x^2}$
oder:	9	+	16	=	25

$x \rightarrow \sqrt{25} = 5$

- Die Seiten können *a*, *b*, *c* oder l_1, l_2, l oder anders heißen – also nicht verwirren lassen.
- Das Dreieck kann ein ganz andere Lage haben. **Tipp:** Immer erst rechten Winkel suchen.
  → Die „lange" Seite liegt immer gegenüber dem rechten Winkel.

Beispiele von rechtwinkligen Dreiecken mit ihren Berechnungsformeln

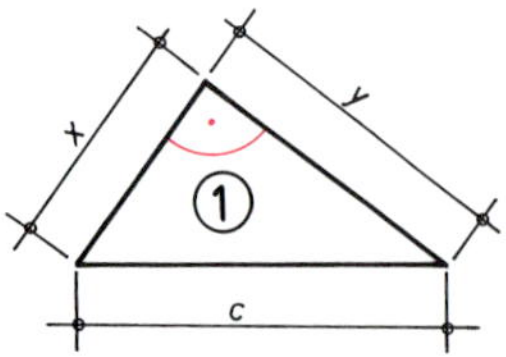

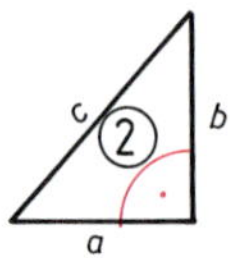

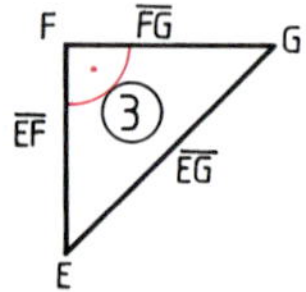

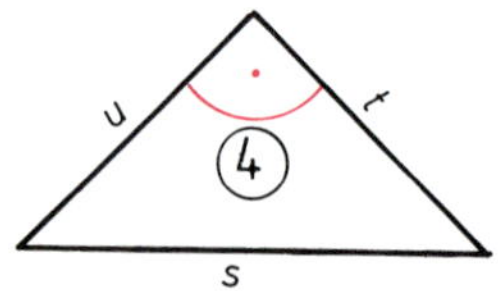

$c = \sqrt{x^2 + y^2}$
$y = \sqrt{c^2 - x^2}$
$x = \sqrt{c^2 - y^2}$

$c = \sqrt{a^2 + b^2}$
$a = \sqrt{c^2 - b^2}$
$b = \sqrt{c^2 - a^2}$

$EG = \sqrt{EF^2 + FG^2}$
$EF = \sqrt{EG^2 - FG^2}$
$FG = \sqrt{EG^2 - EF^2}$

$s = \sqrt{t^2 + u^2}$
$t = \sqrt{s^2 - u^2}$
$u = \sqrt{s^2 - t^2}$

Rechnen mit Winkeln

Beim **Dreieck** ist die Summe aller Innenwinkel = 180°. Bei einem rechtwinkligen Dreieck (rechter Winkel = 90°) sind die beiden übrigen Winkel zusammen = 90°.
Hat der eine Winkel dann z. B. 30°, muss der andere 60° (30° + 60° = 90°) betragen.

Bei jedem Viereck beträgt die Summe aller Innenwinkel 360°. Hat ein Parallelogramm einen bekannten Winkel, kennt man auch alle anderen. *Beispiel 45°*
→ 2 · 45° = 90°. Winkelsumme 360° – 90° = 270°.
→ Jeder der 2 anliegenden Winkel muss 135° haben.

Dieser Winkel ist dann 60°

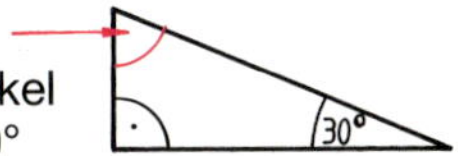

30° + 90°

Diese Winkel sind dann je 135°

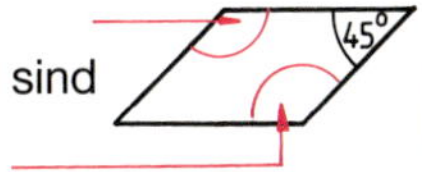

45° + 45°

Wie berechnet man mithilfe eines Winkels ein rechtwinkliges Dreieck?

Den Winkel bezeichnet man mit α (oder z. B. φ). Dann ist:

Gegenkathete = Ankathete · tan α

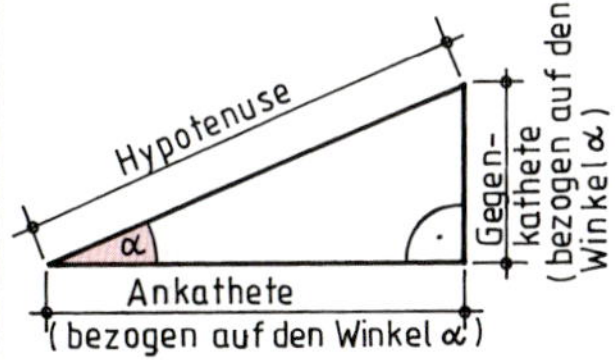

Umstellungen:	$\text{Ankathete} = \dfrac{\text{Gegenkathete}}{\tan \alpha}$	$\tan \alpha = \dfrac{\text{Gegenkathete}}{\text{Ankathete}}$

Beispiel: Winkel α = 30°, Ankathete = 3 m. Wie lang ist die Gegenkathete?

Lösung: Gegenkathete = Ankathete · tan α → Gegenkathete = 3 m · tan 30°
tan 30° → (Taschenrechner): 30 → [TAN] → = 0,577… Gegenkathete = 3 m · 0,577… = 1,732 m

Ist der Winkel α (unbekannt), ermittelt man mit den beiden gegebenen Seiten den Winkel!

Beispiel: $\tan \alpha = \dfrac{\text{Gegenkathete}}{\text{Ankathete}} = \dfrac{5{,}19\text{ m}}{3\text{ m}} = 1{,}73$ → (Taschenrechner) 1,73 → [INV] [TAN] = **60°**

Winkelfunktionen

Im rechtwinkligem Dreieck werden Seiten und Winkel mittels „Winkelfunktionswerten" berechnet!

→ *Die Winkelfunktionswerte sind aus dem Speicher eines „guten" Taschenrechners abrufbar oder aus Tabellen ablesbar*

Bezogen auf Winkel α:	Bezogen auf Winkel β:
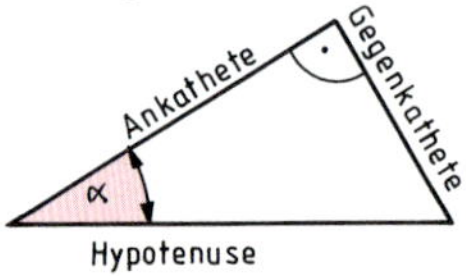	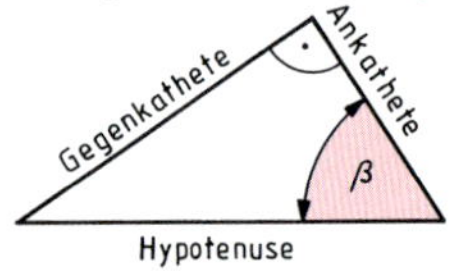
sin α = Gegenkathete : Hypotenuse	**sin β = Gegenkathete : Hypotenuse**
→ **Gegenkathete** = Hypotenuse · sin α → **Hypotenuse** = Gegenkathete : sin α	→ **Gegenkathete** = Hypotenuse · sin β → **Hypotenuse** = Gegenkathete : sin β
cos α = Ankathete : Hypotenuse	**cos β = Ankathete : Hypotenuse**
→ **Ankathete** = Hypotenuse · cos α → **Hypotenuse** = Ankathete : cos α	→ **Ankathete** = Hypotenuse · cos β → **Hypotenuse** = Ankathete : cos β
tan α = Gegenkathete : Ankathete	**tan β = Gegenkathete : Ankathete**
→ **Gegenkathete** = Ankathete · tan α → **Ankathete** = Gegenkathete : tan α	→ **Gegenkathete** = Ankathete · tan β → **Ankathete** = Gegenkathete : tan β

Figure texts:

Wichtige Werte der Winkelfunktionen:

	0°	30°	45°	60°	90°
sin	0	0,5	0,707	0,866	1
cos	1	0,866	0,707	0,5	0
tan	0	0,577	1	1,732	∞

Umrechnung von Flächeneinheiten

Flächeneinheiten

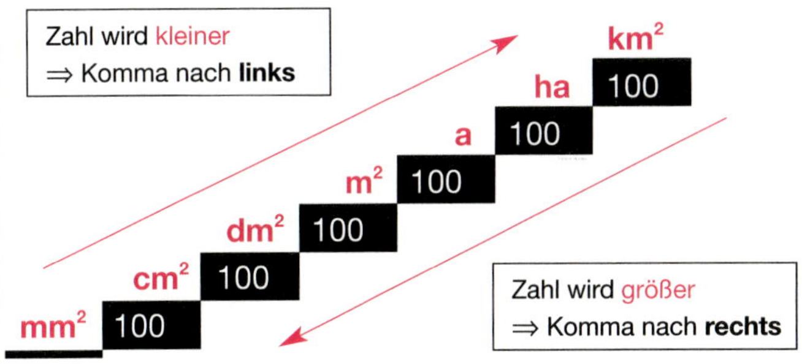

Merke:

Bei **Flächen**umrechnungen „wandert" das Komma bei **jeder Stufe um 2 Stellen**

Beispiel 1: **271,5 cm² = ?? m²**

Überlegung:

von cm^2 *zu* m^2 = ↗ *2 Stufen*

= 2 · 2 = 4 (Komma)Stellen nach links

$271{,}5\ cm^2 = \mathbf{0{,}02715\ m^2}$

Beispiel 2: **3,855 km² = ?? m²**

von km^2 *zu* m^2 = ↙ *3 Stufen*

= 3 · 2 = 6 (Komma)Stellen nach rechts

$3{,}855\ km^2 = \mathbf{3\,855\,000{,}0\ m^2}$

Beachte:

- *Hat ein Zahlenwert* ***kein Komma,*** *setzt man es hinter die letzte Zahl und fügt Nullen an!*
  → *z. B.: 312 = 312,**0000**...*
- *Reichen die Zahlenstellen nach „vorne"* ***nicht aus****, setzt man einfach Nullen davor!*
  → *z. B.: 7,35 = ...**000**7,35*

Geradlinig begrenzte Flächen (1)

Quadrat

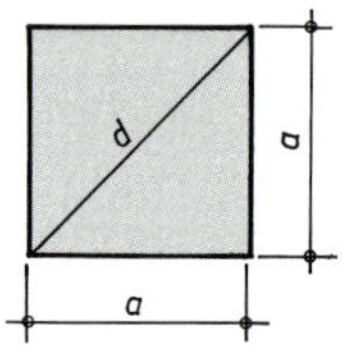

Fläche *A*:
$A = a \cdot a = a^2$

$\rightarrow \boldsymbol{a} = \sqrt{A}$

Umfang *U*:
$U = 4 \cdot a$

$\rightarrow \boldsymbol{a} = U : 4$

Diagonale *d*:
$d = a \cdot 1{,}414$

$\rightarrow \boldsymbol{a} = d : 1{,}414$

Raute

= verschobenes Quadrat

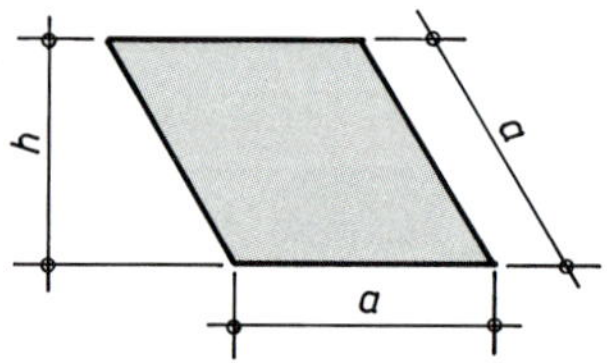

Fläche *A*:
$A = a \cdot h$

$\rightarrow \boldsymbol{a} = A : h \quad \rightarrow \boldsymbol{h} = A : a$

Umfang *U*:
$U = 4 \cdot a$

$\rightarrow \boldsymbol{a} = U : 4$

Rechteck

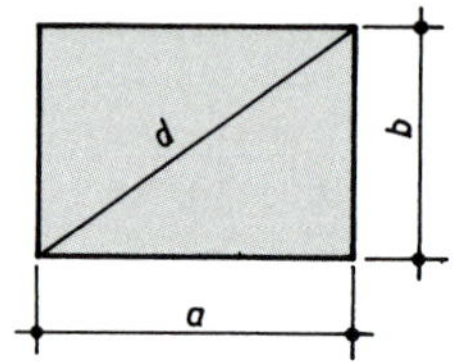

Fläche *A*:
$A = a \cdot b$

$\rightarrow \boldsymbol{a} = A : b \quad \rightarrow \boldsymbol{b} = A : a$

Umfang *U*:
$U = 2 \cdot (a + b)$

$\rightarrow \boldsymbol{a} = \frac{1}{2}U - b \quad \rightarrow \boldsymbol{b} = \frac{1}{2}U - a$

Diagonale *d*:
$d = \sqrt{a^2 + b^2}$

$\rightarrow \boldsymbol{a} = \sqrt{d^2 - b^2} \quad \rightarrow \boldsymbol{b} = \sqrt{d^2 - a^2}$

Geradlinig begrenzte Flächen (2)

Parallelogramm
= verschobenes Rechteck

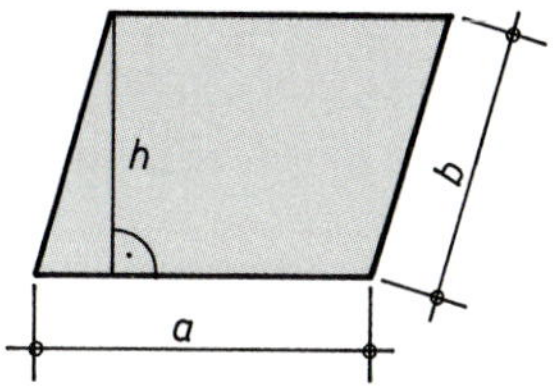

Fläche *A*:

$$A = a \cdot h$$

$\rightarrow \boldsymbol{a} = A : h$

$\rightarrow \boldsymbol{h} = A : a$

Umfang *U*:

$$U = 2 \cdot (a + b)$$

$\rightarrow \boldsymbol{a} = \frac{1}{2}U - b$

$\rightarrow \boldsymbol{b} = \frac{1}{2}U - a$

Trapez

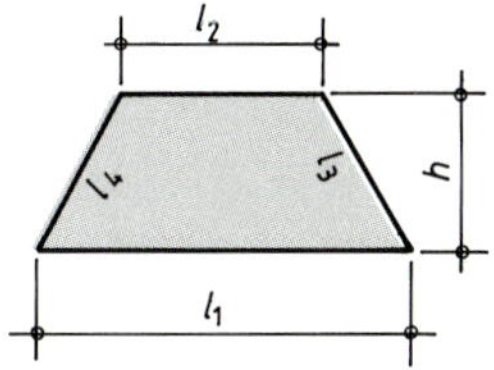

Fläche *A*:

$$A = \frac{(l_1 + l_2)}{2} \cdot h$$

$\rightarrow \boldsymbol{l_1} = (2A : h) - l_2$

$\rightarrow \boldsymbol{l_2} = (2A : h) - l_1$

$\rightarrow \boldsymbol{h} = 2A : (l_1 + l_2)$

Umfang *U*:

$$U = l_1 + l_2 + l_3 + l_4$$

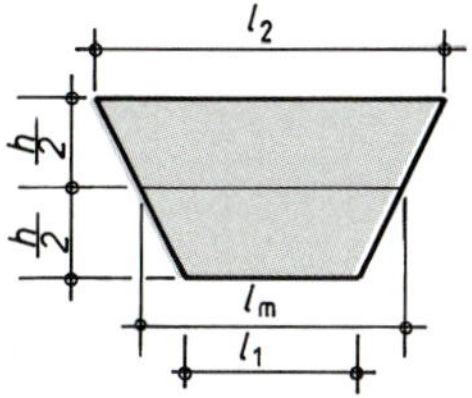

Fläche *A*:

$$A = l_m \cdot h$$

$\rightarrow \boldsymbol{l_m} = A : h$

$\rightarrow \boldsymbol{h} = A : l_m$

$$l_m = \frac{l_1 + l_2}{2}$$

Regelmäßiges Sechseck

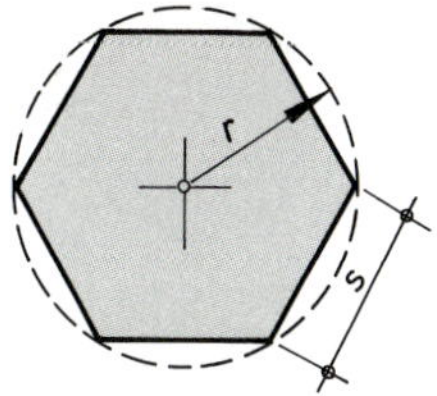

Fläche *A*:

$$A = 2{,}598 \cdot r^2$$

$(r = s)$

Umfang *U*:

$$U = 6 \cdot s$$

$(s = r)$

26 Geradlinig begrenzte Flächen (3)

Regelmäßiges *n*-Eck

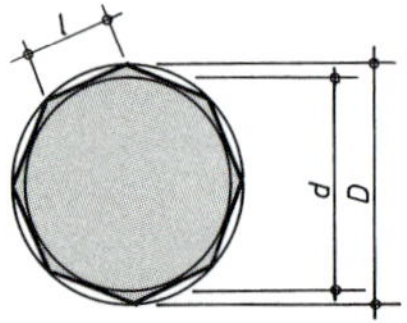

Fläche *A*:

$$A = \frac{l \cdot d}{4} \cdot n$$

n = Eckenzahl
d = Innenkreisdurchmesser
(D = Umkreisdurchmesser)
l = Seitenlänge

$\rightarrow \ \mathbf{l} = 4A : (d \cdot n)$
$\rightarrow \mathbf{d} = 4A : (l \cdot n)$
$\rightarrow \mathbf{n} = 4A : (d \cdot l)$

Umfang *U*:

$$U = l \cdot n$$

$\rightarrow \mathbf{l} = U : n$
$\rightarrow \mathbf{n} = U : l$

Rechtwinkliges Dreieck

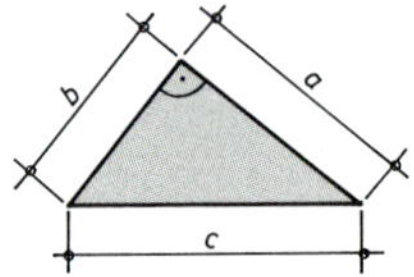

Fläche *A*:

$$A = \frac{a \cdot b}{2}$$

$\rightarrow \mathbf{a} = 2A : b$
$\rightarrow \mathbf{b} = 2A : a$

Umfang *U*:

$$U = a + b + c$$

$\rightarrow \mathbf{a} = U - b - c$
$\rightarrow \mathbf{b} = U - c - a$
$\rightarrow \mathbf{c} = U - b - a$

Nicht rechtwinklige Dreiecke

So können diese aussehen:

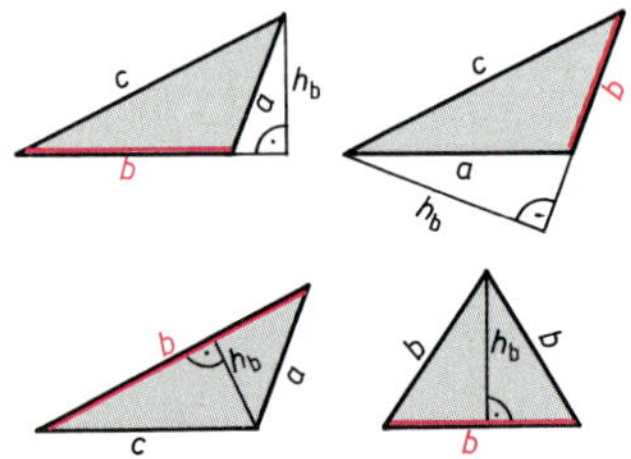

Fläche *A*:

$$A = b \cdot h_b : 2$$

$\rightarrow \ \mathbf{b} = 2A : h_b$
$\rightarrow \mathbf{h_b} = 2A : b$

Umfang *U*:

$$U = a + b + c$$

$\rightarrow$ ***a***, ***b***, ***c*** = wie rechtwinkliges Dreieck

Kreisförmige Flächen (1)

Kreis

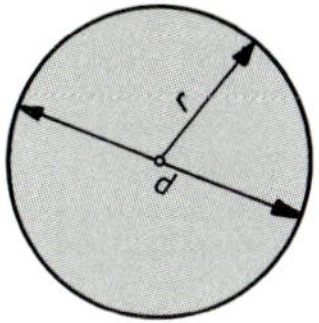

Fläche A:

1. $A = d^2 \cdot \frac{\pi}{4}$
2. $A = r^2 \cdot \pi$

$\frac{\pi}{4} = 0{,}785$; $\pi = 3{,}14$

$r = \frac{d}{2}$; $d = 2r$

$\rightarrow d = \sqrt{4A : \pi}$

$\rightarrow r = \sqrt{A : \pi}$

Umfang U:

1. $U = d \cdot \pi$
2. $U = 2r \cdot \pi$

$\rightarrow d = U : \pi$

$\rightarrow r = U : 2\pi$

Kreisausschnitt

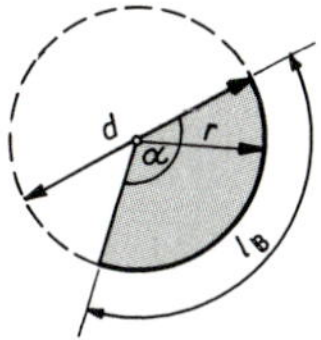

Fläche A:

1. $A = \frac{d^2 \cdot 0{,}785 \cdot \alpha°}{360°}$
2. $A = \frac{r^2 \cdot \pi \cdot \alpha°}{360°}$

$\rightarrow d = \sqrt{\frac{A \cdot 360°}{0{,}785 \cdot \alpha°}}$

$\rightarrow \alpha° = \frac{A \cdot 360°}{0{,}785 \cdot d^2}$

$\rightarrow l_B = \frac{d \cdot \pi \cdot \alpha°}{360°}$

l_B = Bogenlänge

Kreisring

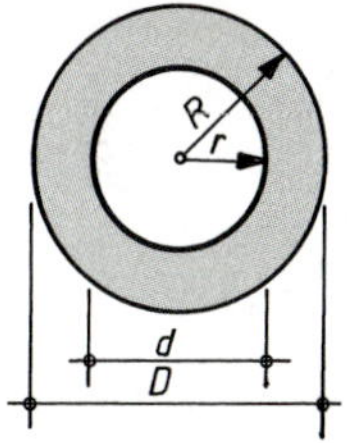

Fläche A:

1. $A = (D^2 - d^2) \cdot 0{,}785$
2. $A = (R^2 - r^2) \cdot \pi$

$\rightarrow d = \sqrt{D^2 - (A : 0{,}785)}$

$\rightarrow D = \sqrt{d^2 + (A : 0{,}785)}$

$(R = \frac{D}{2};\ r = \frac{d}{2})$

d = Innendurchmesser

D = Außendurchmesser

28 Kreisförmige Flächen (2)

Kreisringabschnitt

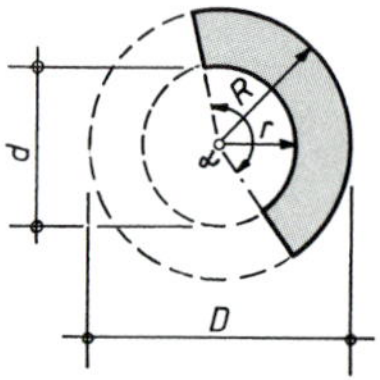

Fläche *A*:

$$A = \frac{\pi \cdot (R^2 - r^2) \cdot \alpha°}{360°}$$

$$R = \frac{D}{2}$$

$$r = \frac{d}{2}$$

Kreisabschnitt

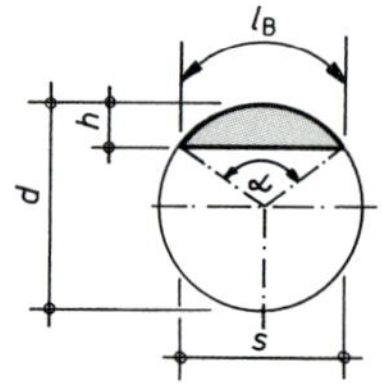

Fläche *A*:

$$A \approx \frac{2}{3} \cdot s \cdot h$$

$$\rightarrow l_B = \frac{d \cdot \pi \cdot \alpha°}{360°}$$

$$\rightarrow \alpha° = \frac{l_B \cdot 360°}{d \cdot \pi}$$

$$\rightarrow d = \frac{l_B \cdot 360°}{\alpha° \cdot \pi}$$

s = Sehne
h = Abschnittshöhe
l_B = Bogenlänge
$\alpha°$ = Mittelpunktswinkel

Ellipse

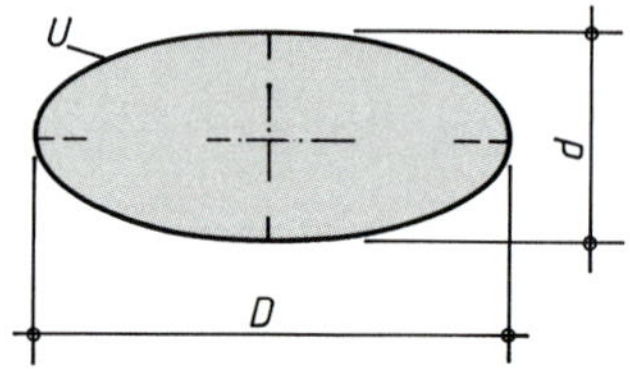

Fläche *A*:

$$A = \frac{D \cdot d \cdot \pi}{4}$$

$$\rightarrow d = 4A : (D \cdot \pi)$$

$$\rightarrow D = 4A : (d \cdot \pi)$$

Umfang *U*:

$$U = \frac{(D + d) \cdot \pi}{2}$$

Zusammengesetzte Flächen

Grundregel:

Die (unbekannte) Fläche immer in bekannte Teilflächen aufteilen und diese dann berechnen!

Beispiele:

Grundriss

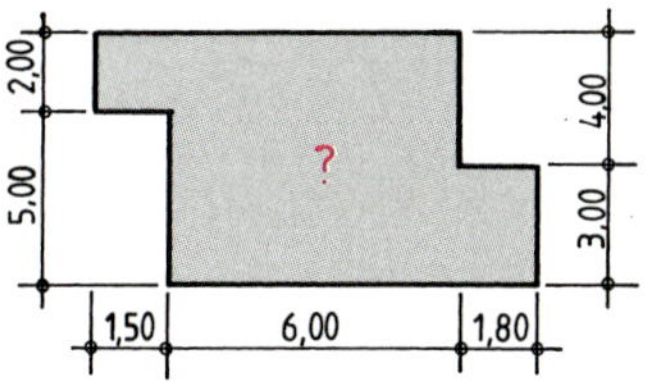

Giebelfläche

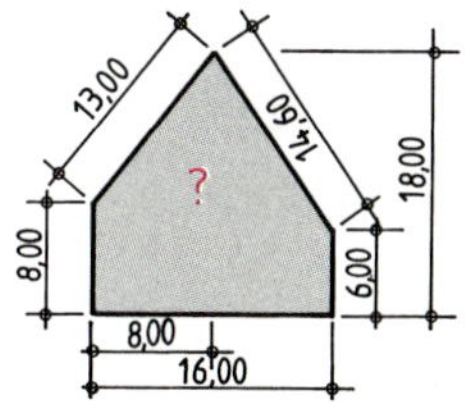

Swimmingpool

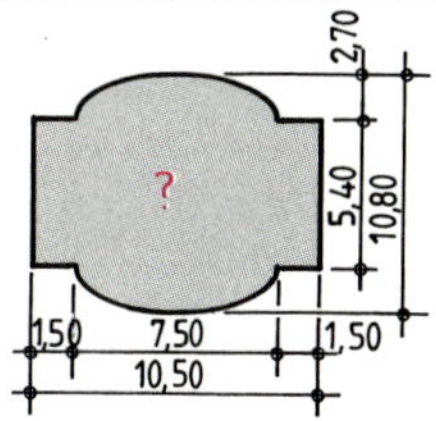

So könnte man die Flächen aufteilen:

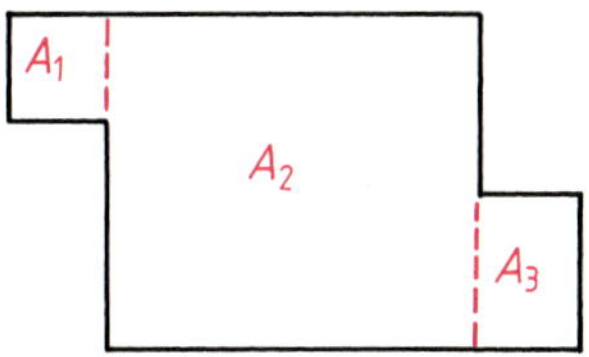

Zu berechnen sind:

3 Rechtecke

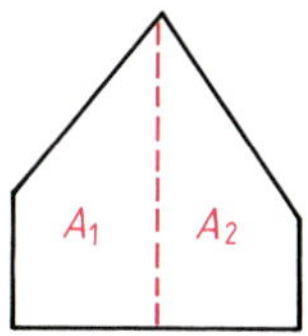

Zu berechnen sind:

2 Trapeze

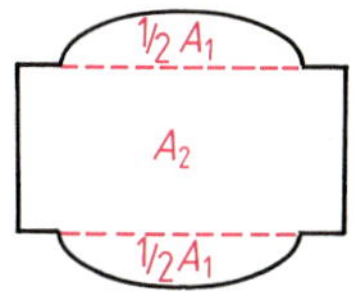

Zu berechnen sind:

1 Rechteck + 1 Ellipse

30 Umrechnung von Volumeneinheiten

Volumeneinheiten

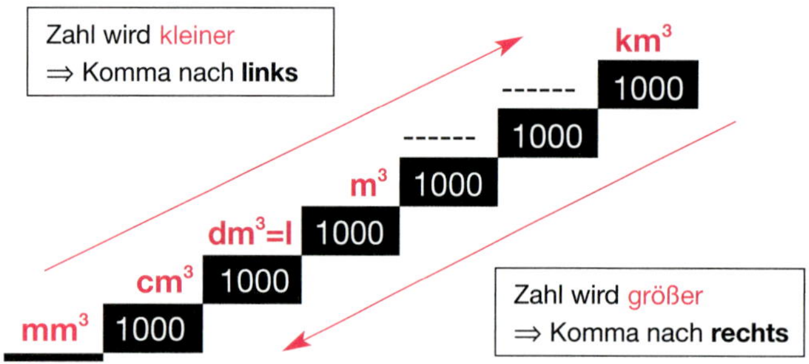

<u>Merke:</u>

Bei **Volumen**umrechnungen „wandert" das Komma bei **jeder Stufe um 3 Stellen**

<u>Beispiel 1:</u> **271,5 cm³ = ?? m³**

Überlegung:

von cm³ zu m³ = ↗ 2 Stufen

= 2 · 3 = 6 (Komma)Stellen nach <u>links</u>

271,5 cm³ = **0,0002715 m³**

<u>Beispiel 2:</u> **3,855 km³ = ?? mm³**

von km³ zu m³ = ↙ 3 Stufen

= 3 · 3 = 9 (Komma)Stellen nach <u>rechts</u>

3,855 km³ = **3855000000,0 mm²**

<u>Beachte:</u>

- *Hat ein Zahlenwert **kein Komma,** setzt man es <u>hinter die letzte Zahl und fügt Nullen an!</u>*
  *→ z. B.: 312 = 312,**0000**...*
- *Reichen die Zahlenstellen nach „vorne" **nicht aus**, setzt man <u>einfach Nullen davor!</u>*
  *→ z. B.: 7,35 = ...**000**7,35*

Geradlinig begrenzte Körper

Würfel

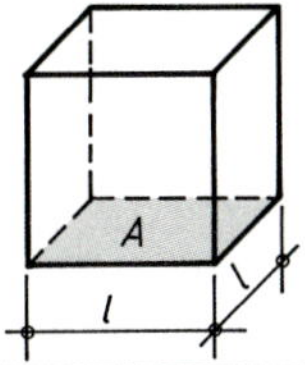

Volumen V:

$$V = l \cdot l \cdot l = l^3$$

$$\rightarrow l = \sqrt[3]{V}$$

Oberfläche A_O:

$$A_O = 6 \cdot l^2$$

$$\rightarrow l = \sqrt{A_O : 6}$$

Grundfläche A:

$$\rightarrow A = l \cdot l = l^2$$

Prisma oder Quader

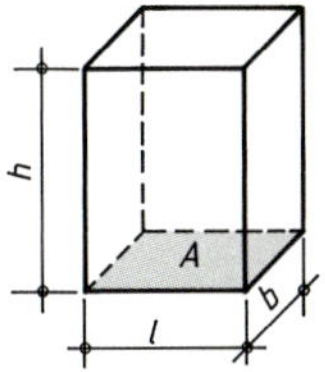

Volumen V:

$$V = l \cdot b \cdot h$$

$$\rightarrow l = V : (b \cdot h)$$
$$\rightarrow b = V : (l \cdot h)$$
$$\rightarrow h = V : (b \cdot l)$$

Oberfläche A_O:

$$A_O = 2 \cdot (l \cdot h + l \cdot b + b \cdot h)$$

$$\rightarrow l = (O - 2 \cdot b \cdot h) : (2 \cdot b + 2 \cdot h)$$
$$\rightarrow h = (O - 2 \cdot b \cdot l) : (2 \cdot b + 2 \cdot l)$$
$$\rightarrow b = (O - 2 \cdot h \cdot l) : (2 \cdot l + 2 \cdot h)$$

Grundfläche A:

$$\rightarrow A = l \cdot b$$

Pyramide

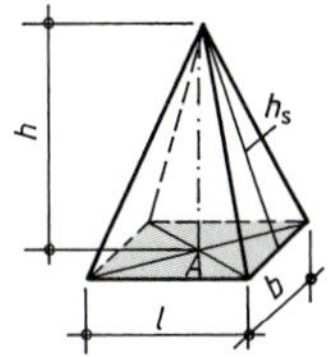

Volumen V:

$$V = l \cdot b \cdot \frac{h}{3}$$

$$\rightarrow l = 3 \cdot V : (b \cdot h)$$
$$\rightarrow b = 3 \cdot V : (l \cdot h)$$
$$\rightarrow h = 3 \cdot V : (b \cdot l)$$

Oberfläche A_O:

$$A_O = (l + b) \cdot h_s + l \cdot b)$$

$$\rightarrow h_s = \sqrt{\left(\frac{l}{2}\right)^2 + h^2}$$

Mantelfläche A_M:

$$A_M = (l + b) \cdot h_s$$

Grundfläche A:

$$\rightarrow A = l \cdot b$$

Kreisförmig begrenzte Körper

Zylinder

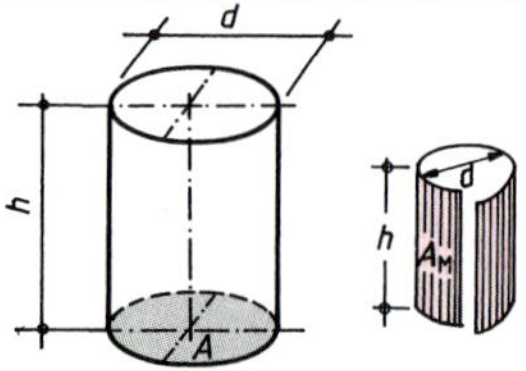

Volumen V:

$$V = d^2 \cdot h \cdot 0{,}785$$

$\rightarrow \boldsymbol{d} = \sqrt{V : (h \cdot 0{,}785)}$

$\rightarrow \boldsymbol{h} = V : (d^2 \cdot 0{,}785)$

Oberfläche A_O:

$$A_O = A_M + d^2 \cdot \frac{\pi}{2}$$

Mantelfläche A_M:

$$A_M = d \cdot \pi \cdot h$$

Grundfläche A:

$\rightarrow \boldsymbol{A} = d^2 \cdot 0{,}785$

Hohlzylinder

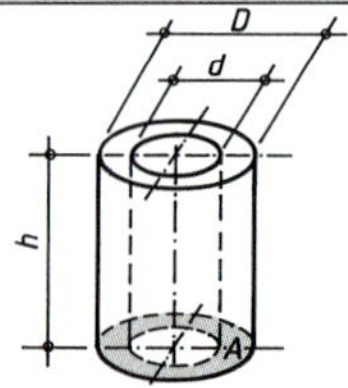

Volumen V:

$$V = (D^2 - d^2) \cdot h \cdot 0{,}785$$

Oberfläche A_O:

$$A_O = \pi \cdot \left[\frac{D^2 - d^2}{2} + h \cdot (D + d)\right]$$

Mantelfläche A_M:

$$A_M = D \cdot \pi \cdot h$$

Kegel

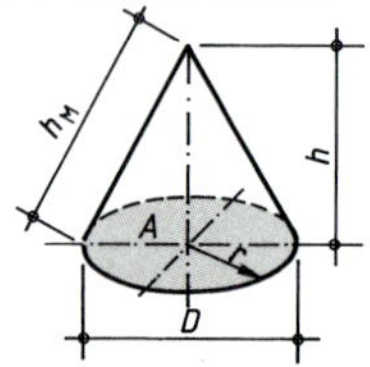

Volumen V:

1. $V = A \cdot \dfrac{h}{3}$
2. $V = 1{,}047 \cdot r^2 \cdot h$
3. $V = 0{,}2617 \cdot d^2 \cdot h$

$\rightarrow \boldsymbol{A} = d^2 \cdot 0{,}785$

Oberfläche A_O:

$$A_O = (h_M + r) \cdot r \cdot \pi$$

$\rightarrow \boldsymbol{h_M} = \sqrt{\dfrac{d^2}{4} + h^2}$

Mantelfläche A_M:

$$A_M = r \cdot \pi \cdot h_M$$

Stumpfe Körper, Kugel

Pyramidenstumpf

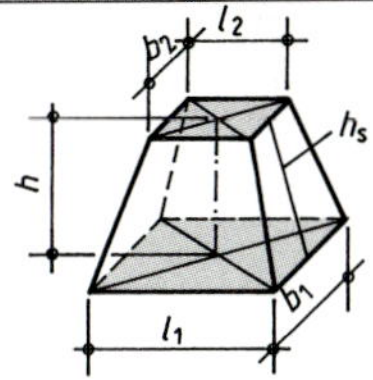

Volumen V:

$$V = \frac{h}{3} \cdot \left(A_1 + A_2 + \sqrt{A_1 \cdot A_2}\right)$$

$\rightarrow A_1 = l_1 \cdot b_1$

$\rightarrow A_2 = l_2 \cdot b_2$

Oberfläche A_O:

$$A_O = h_s \cdot (l_1 + l_2 + b_1 + b_2) + l_1 \cdot b_1 + l_2 \cdot b_2$$

$$\rightarrow h_s = \sqrt{h^2 + \left(\frac{l_1 - l_2}{2}\right)^2}$$

Mantelfläche A_M:

$$A_M = h_s \cdot (l_1 + l_2 + b_1 + b_2)$$

Kegelstumpf

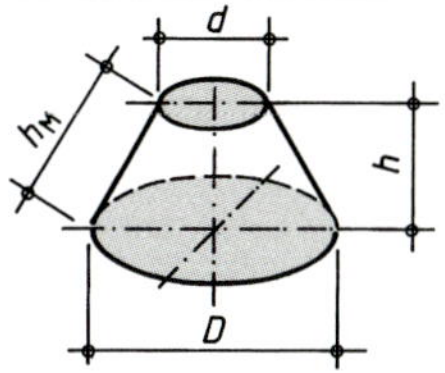

Volumen V:

$$V = \frac{h \cdot \pi}{12} \cdot (D^2 + d^2 + D \cdot d)$$

Oberfläche A_O:

$$A_O = \frac{\pi}{2} \cdot \left[(D + d) \cdot h_M + \frac{D^2 + d^2}{2}\right]$$

$$\rightarrow h_M = \sqrt{h^2 + \left(\frac{D - d}{2}\right)^2}$$

Mantelfläche A_M:

$$A_M = \frac{h_M \cdot \pi}{2} \cdot (D + d)$$

Kugel

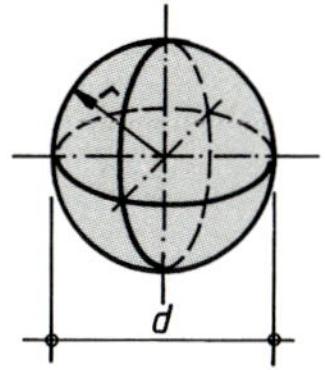

Volumen V:

1. $V = d^3 \cdot \frac{\pi}{6}$
2. $V \approx 0{,}52 \cdot d^3$
3. $V \approx 4{,}19 \cdot r^3$

$\rightarrow d = \sqrt[3]{6 \cdot V : \pi} = 1{,}24 \cdot \sqrt[3]{V}$

Oberfläche A_O:

1. $A_O = d^2 \cdot \pi$
2. $A_O \approx 12{,}57 \cdot r^2$

$\rightarrow d = \sqrt{A_O : \pi}$

34 Zusammengesetzte Körper

Silobehälter

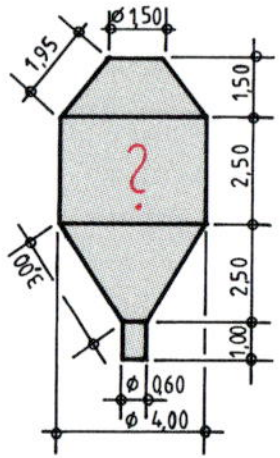

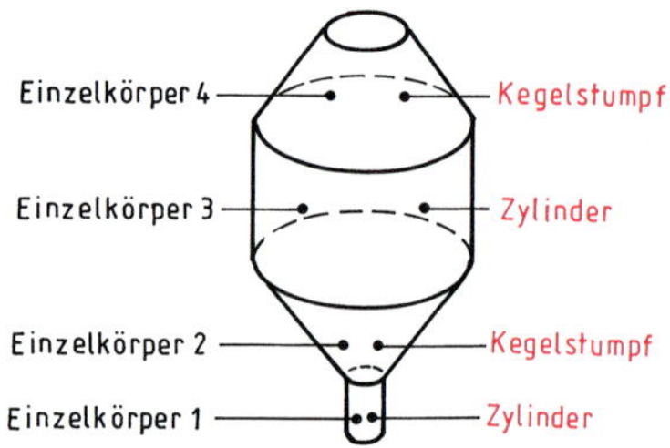

Zu berechnen sind:
Alle **4** Einzelkörper
→ und dann addieren

Haus mit Mansarddach

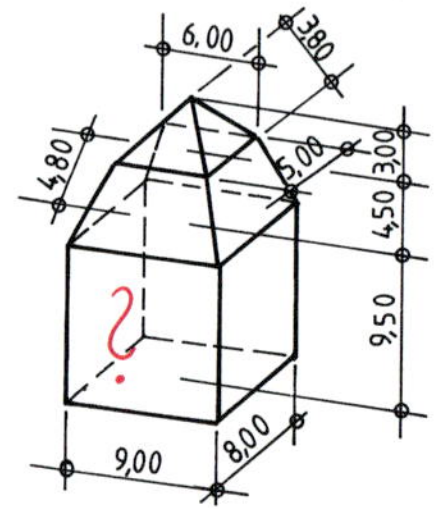

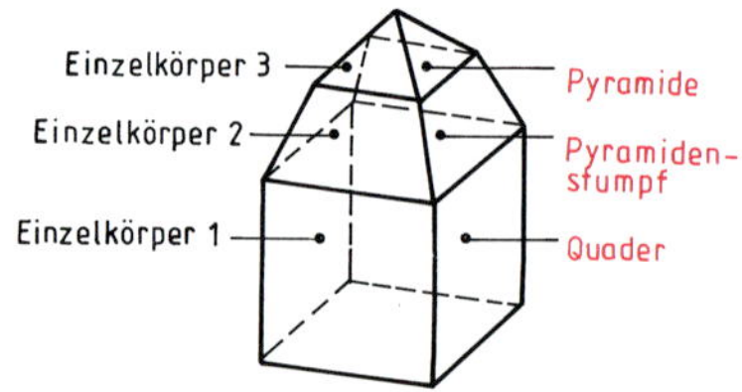

Zu berechnen sind:
Alle **3** Einzelkörper
→ und dann addieren

Vereinfachte Körperberechnung

Das Volumen von Körpern, deren Grundfläche $\boldsymbol{A_u}$ und Deckfläche $\boldsymbol{A_o}$ parallel liegen, können nach einer vereinfachten Formel („*Simpsonsche Formel*") berechnet werden.

→ *A_u und A_o können dabei aus Vielecken, Kreisen, Strecken oder sogar Punkten bestehen*

Beispiele:

Baugrube

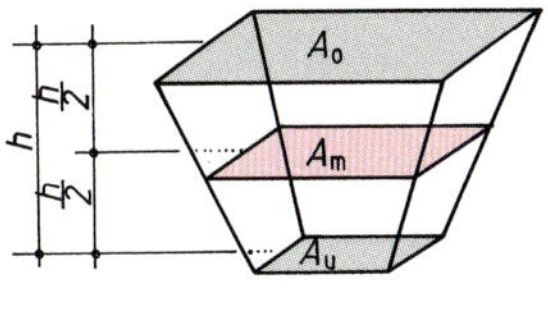

Fass

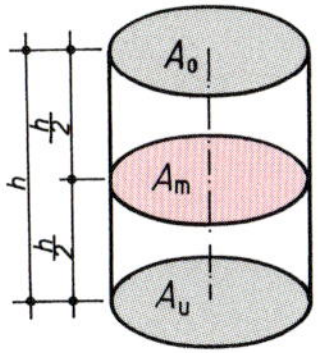

Mörtelkübel

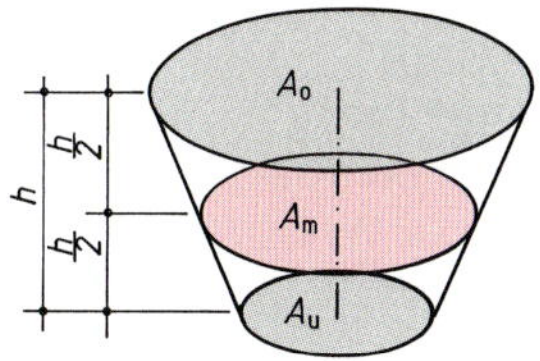

Walmdach

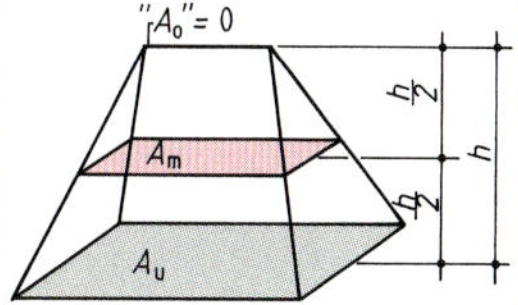

Für alle Beispiele gilt:

A_u = Grundfläche

A_o = Deckfläche

$$V = \frac{h}{6} \cdot (A_u + 4 \cdot A_m + A_o)$$

A_m = Fläche in Körpermitte

h = Körperhöhe

Bei der Baugrube:

$A_u = a_u \cdot b_u$

$A_o = a_o \cdot b_o$

$A_m = a_m \cdot b_m$

→ $\boldsymbol{a_m} = (a_u + a_o) : 2$

→ $\boldsymbol{b_m} = (b_u + b_o) : 2$

Beim Fass:

$A_u = A_o = A_m$

$= d^2 \cdot 0{,}785$

Beim Mörtelkübel:

$A_u = d_u^2 \cdot 0{,}785$

$A_o = d_o^2 \cdot 0{,}785$

$A_m = d_m^2 \cdot 0{,}785$

→ $\boldsymbol{d_m} = (d_u + d_o) : 2$

Beim Walmdach:

$A_u = a_u \cdot b_u$

$A_o = a_o \cdot 0 = 0$

$A_m = a_m \cdot b_m$

→ $\boldsymbol{a_m} = (a_u + a_o) : 2$

→ $\boldsymbol{b_m} = b_u : 2$

36 Diagramme

So liest man die Diagramme (1. Bild): In jedem Diagramm werden die Werte nach rechts und nach oben immer größer. Der Preis ist also rechts, am Ende der Kurve, besonders hoch. Zieht man von dort eine waagerechte Linie auf die Verkaufssenkrechte (z. B. die 20 im 2. Bild) ist die Verkaufszahl gering.

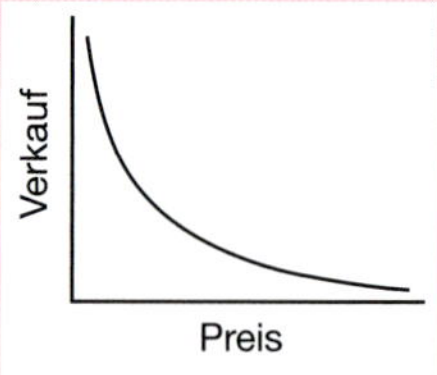

Einfaches (Kurven-) Diagramm

Aussage nur:

Je höher der Preis, umso kleiner der Verkauf

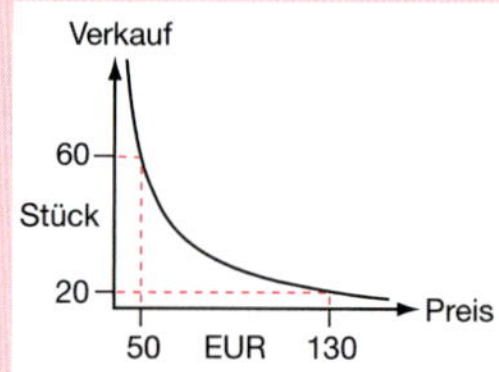

Besseres Diagramm:

50 EUR → Verk.: 60 St.

20 Stück → Preis 130 EUR

Je genauer das Diagramm → umso besser ist es ablesbar

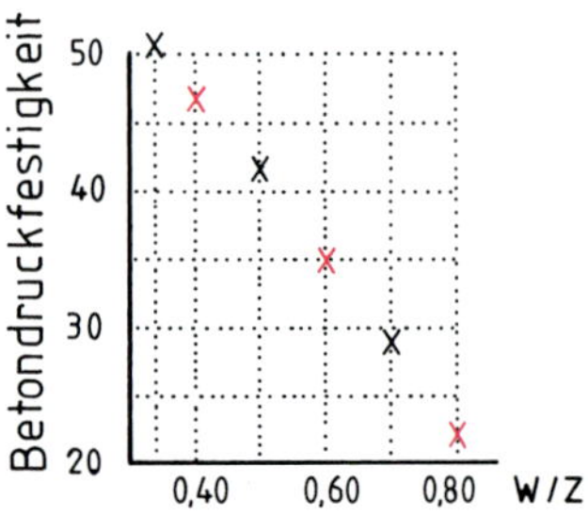

Technisches Diagramm

Versuchsreihe mit Zement, aber unterschiedlichen w/z-Werten

Bei w/z 0,8: Betondruckfestigkeit ca. 22 (N/mm^2)
Bei w/z 0,6: Betondruckfestigkeit ca. 35 (N/mm^2)
Bei w/z 0,4: Betondruckfestigkeit ca. 47 (N/mm^2)
Indem man die Kreuze durch Linien miteinander verbindet, erhält man auch gesuchte Zwischenergebnisse.

Lohnabrechnungen

Vom Arbeitgeber genannt wird immer der Bruttolohn: **Bruttolohn = Stundenlohn · Arbeitszeit** (in Stunden)

Das, was man erhält, ist weniger: der Nettolohn: **Nettolohn = Bruttolohn – Abzüge**

Wer sparen möchte (Vertrag mit Bank oder Sparkasse), erhält vom Arbeitgeber 0,13 EUR/Std. extra (je Monat ca. 15,00 EUR).
Abzüge für jeden Arbeitnehmer sind:

1. Lohnsteuer 2. Solidaritäts-Zuschlag 3. Kirchensteuer
4. Arbeitnehmeranteil (= die Hälfte) **für die Sozialversicherung** (→ andere Hälfte zahlt der Arbeitgeber.)

Beispiel:
Ein Facharbeiter, ledig, erhält für Monat Juni diese Abrechnung:

Stundenlohn: 13,50 EUR
Arbeitszeit: 169 Stunden

Bruttolohn = 13,50 EUR · 169 Std. **= 2281,50 EUR**

Abzüge nach Steuertabelle *(hat Lohnbüro):*

Auszug aus Lohntabelle:

Lohn bis	Lohnst.	SoliZ	Kirchensteuer	
			8 %	9 %
2232,10	403,58	22,20		36,32

Lohnsteuer: 403,58 EUR
SoliZ: 22,20 EUR
Kirchensteuer; 36,32 EUR
462,10 EUR

Abzüge Sozialversicherung z. B.

Krankenvers.	Rentenvers.	Arb.los.vers.	Pflegevers.
153,87	215,19	72,48	18,96

← *Tabelle im Lohnbüro*

Krankenversicherung: 153,87 EUR ← *Je nach Krankenkasse verschieden*
Rentenversicherung: 215,19 EUR
Arbeitslosenversicherung 72,48 EUR
Pflegeversicherung: 18,96 EUR
460,50 EUR

Nettolohn = 2281,50 (Bruttolohn) **– 462,10** (Steuern) **– 460,50** (Sozialversicherung) **→ 1358,90 EUR**

Wichtig bei Arbeitsbeginn: Krankenkasse auswählen und anmelden (Kollegen befragen).

38 Anteils- und Verteilungsrechnen

Anwendung z. B. bei:

- Mischen von Mörtel oder Beton;
- Verteilen von Kosten (Geldbeträge) u. a.

Schritte:		
1. **Was** und **wie viel** ist zu verteilen?	Kalkzementmörtel 220 dm^3	Lottogewinn 21 000 EUR
2. **Wie groß sind die Anteile?**	**Kalk** → **2** (Teile) **Zement** → **1** (Teil) **Sand** → **8** (Teile)	Müller: **10 EUR** → **10** (Teile) Baum: **70 EUR** → **70** (Teile) Noack: **25 EUR** → **25** (Teile)
3. **Zusammen wie viel?**	⇒ **11 Teile**	⇒ **105 Teile**
4. **1 Teil ist** Gesamtmenge: Gesamtteile	⇒ **220 : 11** (= 20) = **20 dm^3**	⇒ **21 000** : **105** (= 200) = **200 EUR**
5. **Mit den Anteilen** von Schritt 2 **mal nehmen**	⇒ **Kalk: 2** · 20 ⇒ 40 dm^3 ⇒ **Zement: 1** · 20 ⇒ 20 dm^3 ⇒ **Sand: 8** · 20 ⇒ 160 dm^3	⇒ **Müller: 10** · 200 ⇒ 2 000 EUR ⇒ **Baum: 70** · 200 ⇒ 14 000 EUR ⇒ **Noack: 25** · 200 ⇒ 5 000 EUR
Kontrolle:	220 i.O.	21 000 EUR i.O.

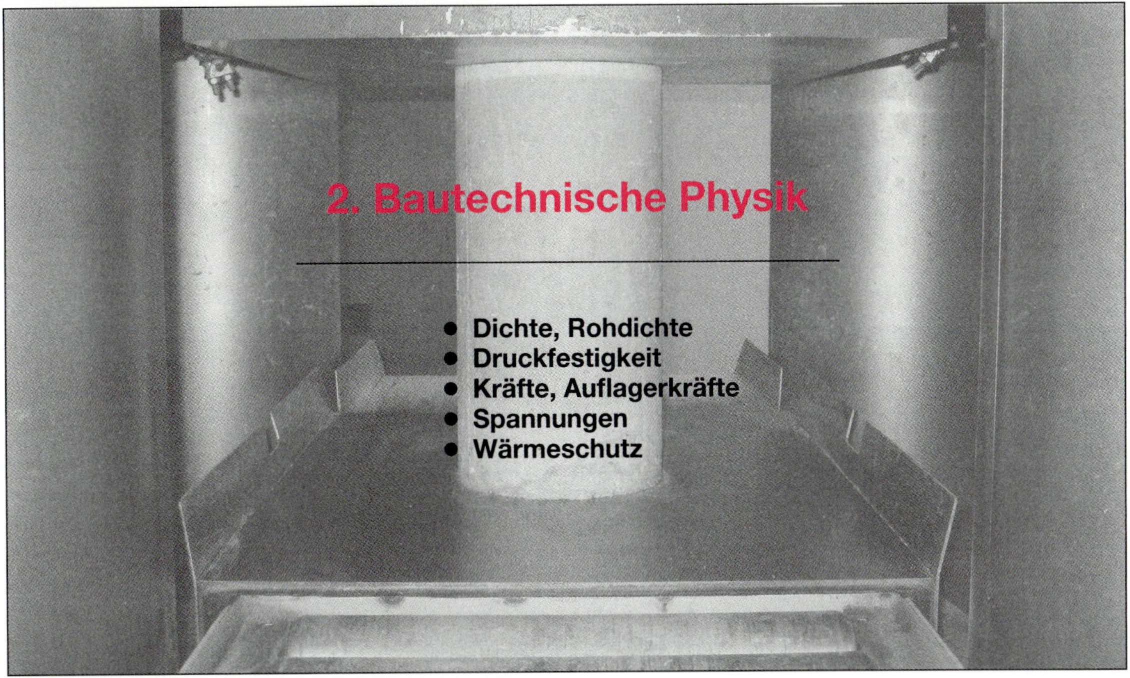
2. Bautechnische Physik
Dichte, Rohdichte
Druckfestigkeit
Kräfte, Auflagerkräfte
Spannungen
Wärmeschutz

40 Masse – Dichte – Kraft

Beispiel: Würfel aus Eisen

Masse	**Dichte Eisen** →	Gewichts**kraft**	Gewichtskraft Weltraum

Eisenwürfel

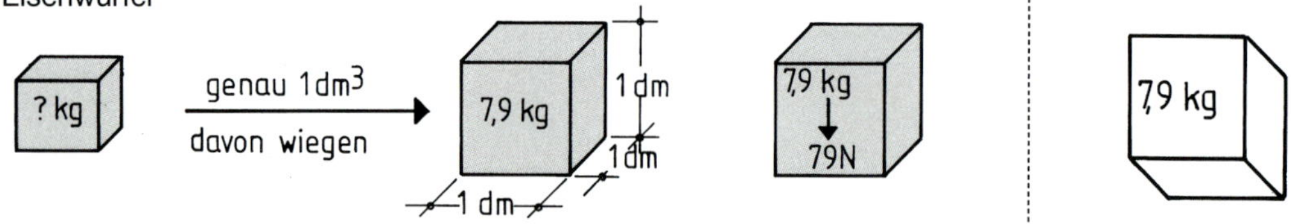

schwerelos:

$m = ?\ \text{kg}$	$\varrho = \frac{7{,}9\ \text{kg}}{\mathbf{dm^3}}$	$F_g = 79\ \text{N}$	$F_g = 0$

Grundformel: Umstellungen hierfür sind:

Masse = Dichte · Volumen oder: $m = \varrho \cdot V$

Volumen $V = \frac{m}{\varrho}$ und **Dichte** $\varrho = \frac{m}{V}$

Merken Sie sich:
Eine **Masse** erzeugt immer eine (Gewichts)**Kraft**. Diese wird in Newton (N) angegeben. → **1 kg ≈ 10 N**
Beispiel: Eine Masse von 100 kg verursacht eine Gewichtskraft von 100 · 10 ≈ 1000 N (Newton) = ***1 kN***

Rohdichte und Druckfestigkeit

1. Rohdichte → Dichte eines Stoffes einschl. Poren und Hohlräume → Einheiten i. d. R.: **t/m³; kg/dm³**

Formel:

$$\varrho = \frac{m}{V}$$

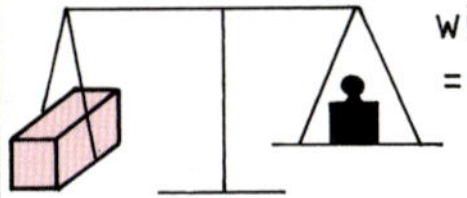

wiegen
= wie viel kg? (2.)

ergibt die Masse m

(1.)

Maße
(in dm) und dann:
$l \times b \times h$
= wie viel dm³?

ergibt das Volumen V

$$\frac{m}{V} \quad \frac{?\,\text{kg}}{?\,\text{dm}^3} = \text{Rohdichte } \varrho$$

2. Druckfestigkeit → Belastung, die ein Stoff aufnimmt, bevor er bricht → Einheit i. d. R. : **N/mm²**

Formel:

$$\sigma_D = \frac{F}{A}$$

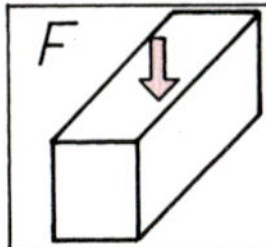

messen: Bruchlast F in N (Newton)
Manometer (Prüfpresse)

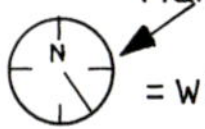

= wie viel Newton? (2.)

ergibt die Bruchlast F

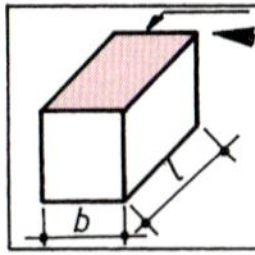

Druckfläche A (1.)
messen (in mm)
$l \times b$
= wie viel mm²?

ergibt die Druckfläche A

$$\frac{F}{A} \quad \frac{?\,\text{N}}{?\,\text{mm}^2} = \text{Druckfestigkeit } \sigma_D$$

42 Kräfte und ihre Darstellung

1. Einheiten der Kraft

Krafteinheiten

Zahl wird kleiner ⇒ Komma nach **links**

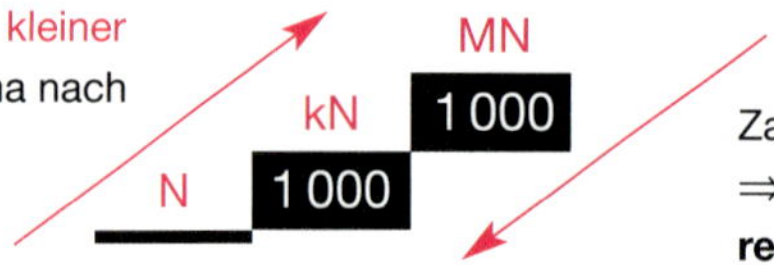

Zahl wird größer ⇒ Komma nach **rechts**

Merke: Bei **Kraft**umrechnungen „wandert" das Komma bei **jeder Stufe um 3 Stellen.**

Das sind die Einheiten: **N** = Newton; **kN** = Kilonewton; **MN** = Meganewton

Beispiel: 3,8 **kN** = ?? **N**

von kN zu N ← *= 1 Stufe (3 n. rechts)*

3,8 **kN = 3800,0 N**

2. Darstellung von Kräften

Um die „unsichtbaren", aber spürbaren Wirkungen der Kräfte zu verdeutlichen, werden sie in (ver)einfachten Zeichnungen durch Pfeile – sog. „Kraftpfeile" – dargestellt. Die Pfeilspitze gibt dabei die Richtung der wirksamen Kraft an.

Beispiel:	Darstellung:	Erklärung / Bedeutung:
Karre mit Sand 	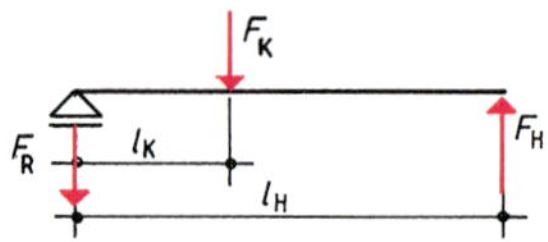	F_K = Kraft (aus Karre mit Inhalt) = *„drückt"* ↓ F_R = Kraft (durch das Rad) = *„drückt"* ↓ F_H = Kraft (durch die Hand) = *„hebt"* ↑ l_K = Abstand von F_K zum Rad = *Hebelarm Rad* l_H = Abstand von F_H zum Rad = *Hebelarm Hand*
Wandöffnung 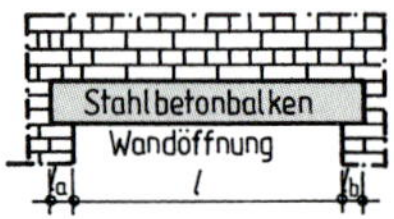	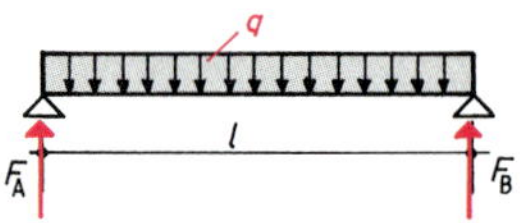	q = Belastung (= Kraft) aus Stb-Balken und Mauer über der ganzen Wandöffnung (viele kleine Pfeile) ⇒ „Streckenlast" = *„drückt"* ↓ $l + l_a + l_b$ = Länge der Wandöffnung + Auflager F_A und F_B = (Gegen)kräfte am Auflager A und B = *„drücken dagegen"* ↑

Berechnung von Auflagerkräften (1)

Für einen Balken (Träger) oder Kragbalken (Kragträger) können die Auflagerkräfte → *das sind die Lasten, die auf die Auflager „drücken"* mithilfe folgender Formeln berechnet werden.

Beispiel 1:

Eine Last (*F*) steht mittig zwischen den Auflagern *A* und *B*

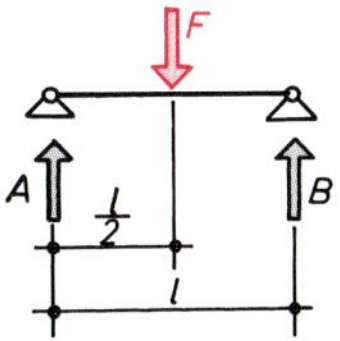

Die Auflagerkräfte *A* und *B* werden nach folgenden Formeln berechnet:

$$A = \frac{F}{2} \qquad B = \frac{F}{2}$$

Beispiel:

$F = 10$ kN; ($l = 4{,}00$ m)

→ *dann wirken gegen die Auflager A und B die Kräfte:*

A = 10 kN : 2 = 5 kN ↑

B = 10 kN : 2 = 5 kN ↑

Probe: A + B = F

→ 5 kN + 5 kN = 10 kN

Beispiel 2:

Eine Last (*F*) steht irgendwo zwischen den Auflagern *A* und *B*

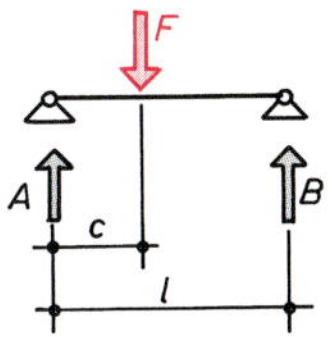

Die Auflagerkräfte *A* und *B* werden nach folgenden Formeln berechnet:

$$A = F \cdot \frac{l - c}{l} \qquad B = F \cdot \frac{c}{l}$$

Beispiel:

$F = 10$ kN; $l = 4{,}00$ m; $c = 1{,}50$ m

→ *dann wirken gegen die Auflager A und B die Kräfte:*

A = 10 kN · (4,00 m – 1,50 m) : 4,00 m

A = 6,25 kN ↑

B = 10 kN · 1,50 m : 4,00 m = 3,75 kN ↑

Probe: A + B = F

→ 6,25 kN + 3,75 kN = 10 kN

Beispiel 3:

Eine Last (*F*) steht am Ende eines linken Kragarms

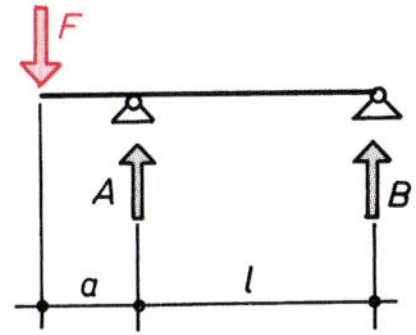

Die Auflagerkräfte *A* und *B* werden nach folgenden Formeln berechnet:

$$A = F \cdot \frac{a + l}{l} \qquad B = -F \cdot \frac{a}{l}$$

Beispiel:

$F = 10$ kN; $l = 4{,}00$ m; $a = 1{,}00$ m

→ *dann wirken gegen die Auflager A und B die Kräfte:*

A = 10 kN · (1,00 m + 4,00 m) : 4,00 m

A = 12,5 kN ↑

B = –10 kN · 1,00 m : 4,00 m = –2,5 kN ↓

Probe: A + B = F

→ 12,5 kN – 2,5 kN = 10 kN

Berechnung von Auflagerkräften (2)

Beispiel 4:

Eine Last (F) steht am Ende eines rechten Kragarms

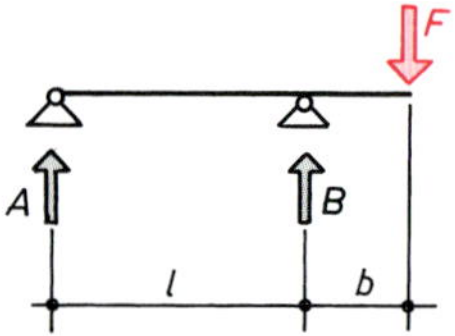

Die Auflagerkräfte A und B werden nach folgenden Formeln berechnet:

$$A = -F \cdot \frac{b}{l} \qquad B = F \cdot \frac{b+l}{l}$$

Beispiel:

F = 10 kN; l = 4,00 m; b = 1,00 m

→ *dann wirken gegen die Auflager A und B die Kräfte:*

A = –10 kN · 1,00 m : 4,00 m

A = –2,5 kN ↓

B = 10 kN · (1,00 m + 4,00 m) : 4,00 m = 12,5 kN ↑

Probe: A + B = F

→ –2,5 kN + 12,5 kN = 10 kN

Beispiel 5:

Eine Streckenlast (q) steht zwischen den Auflagern *A* und *B*

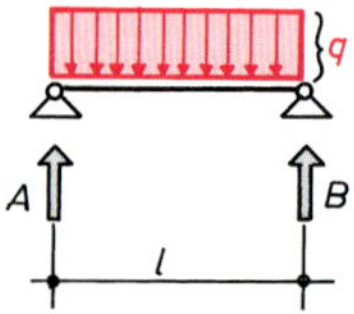

Die Auflagerkräfte A und B werden nach folgenden Formeln berechnet:

$$A = q \cdot \frac{l}{2} \qquad B = q \cdot \frac{l}{2}$$

Beispiel:

q = 2 kN/m; l = 4,00 m

→ *dann wirken gegen die Auflager A und B die Kräfte:*

A = 2 kN/m · 4,00 m : 2 = 4 kN ↑

B = 2 kN/m · 4,00 m : 2 = 4 kN ↑

Merke: F = q · l = Streckenlast · Länge

Probe: A + B = F

→ 4 kN + 4 kN = (2 kN/m · 4 m) = 8 kN

Beispiel 6:

Eine Streckenlast (q) steht auf einer linken Kragarmseite

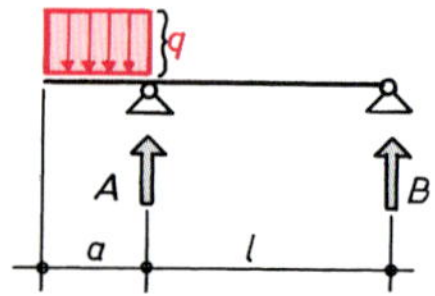

Die Auflagerkräfte A und B werden nach folgenden Formeln berechnet:

$$A = q \cdot a \cdot \left(\frac{a}{2\,l} + 1\right) \qquad B = -\frac{q \cdot a^2}{2\,l}$$

Beispiel:

q = 2 kN/m; l = 4,00 m; a = 1,00 m

→ *dann wirken gegen die Auflager A und B die Kräfte:*

A = 2 kN/m · 1,00 m · (1,00 m : 2 · 4,00 m + 1) = 2,25 kN ↑

B = –(2 kN/m · 1,00 m · 1,00 m) : 2 · 4,00 m

B = –0,25 kN ↓

Probe: A + B = F = q · l

→ 2,25 kN – 0,25 kN = (2 kN/m · 1,00 m) = 2,0 kN

Berechnung von Auflagerkräften (3)

Auch mehrfache Belastungen können nun einfach durch „Zerlegung in bekannte Belastungsfälle“ gelöst werden!

Belastung mit Einzel- und Streckenlast

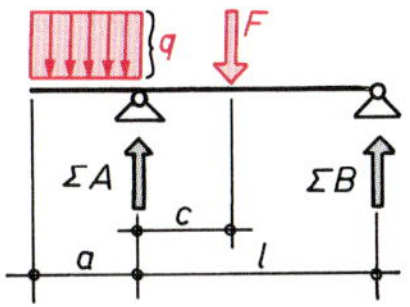

=

„Zerlegung 1“:
Einzellast **(→ Beispiel 2)**

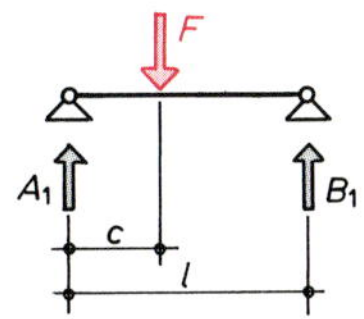

+

„Zerlegung 2“:
Streckenlast **(→ Beispiel 6)**

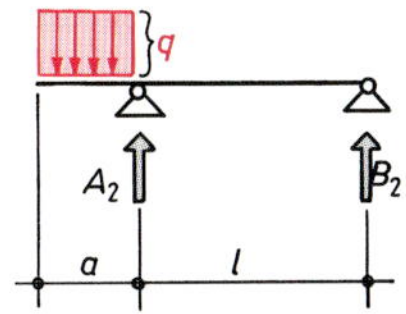

Und so geht man an die Berechnungen dieses Beispieles heran, wenn gegeben sind:
F = 10 kN; q = 2 kN/m; l = 4,00 m; a = 1,00 m; c = 1,50 m → siehe Arbeitsschritte ❶ – ❹

Belastung mit Einzel- und Streckenlast

A_1 = <u>6,25 kN</u> B_1 = <u>3,75 kN</u>
A_2 = <u>2,25 kN</u> B_2 = <u>–0,25 kN</u>

❸ *Auflagekräfte addieren:*

$\Sigma A = A_1 + A_2$ $\Sigma B = B_1 + B_2$

ΣA = **8,5 kN** ΣB = **3,5 kN**

=

Einzellast *(Beispiel 2)*

❶

A_1 = 10 kN · (4,00 m – 1,50 m) : 4,00 m

A_1 = <u>6,25 kN</u>

B_1 = 10 kN · 1,50 m : 4,00 m

B_1 = <u>3,75 kN</u>

+

Streckenlast *(Beispiel 2)*

❷

A_2 = 2 kN/m · 1,00 m · (1,00 m : 2 · 4,00 m + 1)

A_2 = 2,25 kN

B_2 = –(2 kN/m · 1,00 m · 1,00 m) : 2 · 4,00 m

B_2 = <u>–0,25 kN</u>

Ergebnisse von ❶ übertragen

Ergebnisse von ❷ übertragen

❹ *Probe:* $\Sigma A + \Sigma B = F + (q \cdot a)$; 8,5 kN + 3,5 kN = 10 kN + (2 kN/m · 1,00 m); 12 kN = 12 kN → Ergebnis i. O.

46 Druckspannungen (1)

Die Frage, ob das gewählte Material die Auflagerkräfte überhaupt „tragen" kann, müssen durch Spannungsberechnungen überprüft werden.

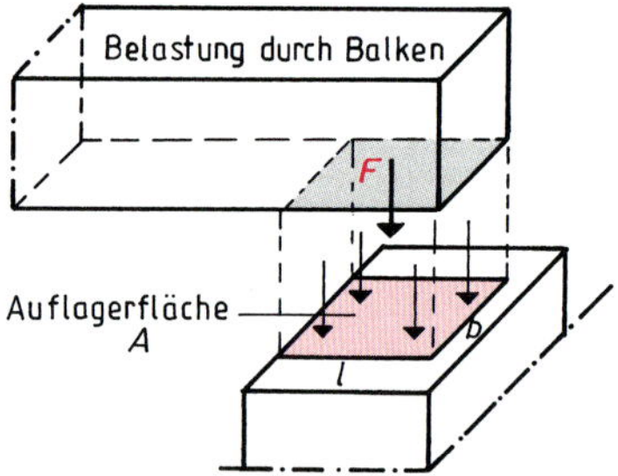

Durch Belastungen (=Kräfte) wird das darunterliegende Bauteil auf Druck beansprucht.
Diese **auftretenden Druckspannungen** (σ_D) dürfen einen festgelegten Grenzwert (σ_{zul}) nicht überschreiten.
Einfache Überprüfungen der „Spannungen" müssen Sie können → *ansonsten Aufgabe des Tragwerksplaners*

Die zulässigen Druckspannungen sind in Tabellen festgelegt (→ *siehe Beispiele auf der nächsten Seite*).

Die auftretenden Druckspannungen können Sie mit folgender Formel berechnen:

$$\text{Druckspannung} = \frac{\text{Kraft}}{\text{Auflagerfläche}}$$

oder:

$$\sigma_D = \frac{F \text{ (in N)}}{A \text{ (in mm}^2\text{)}}$$

Neben der Einheit **„N/mm²"** wird auch die Einheit **„MN/m²"** verwendet.

Und so geht man vor:

1. **Auftretende Druckspannung** σ_D berechnen
   → *dazu muss zunächst die Kraft F und die Auflagerfläche A errechnet werden.*
2. Errechnete Druckspannung σ_D mit der **zulässigen Druckspannung** σ_{zul} vergleichen
   → *notfalls anderen Baustoff oder größere Auflagerfläche wählen.*

Druckspannungen (2)

Zulässige Druckspannungen (σ_{zul}) – (Auszug)

Baustoff	σ_{zul} (in N/mm²)
• Stahl	
– Baustahl (Träger aus S235 JR = St-37-2)	160
• Beton (unbewehrt)	
– C 8/10	1,67
– C 12/15	3,33
– C 16/20	5,00
– C 20/25	8,33
• Holz	
– Nadelholz S 10 (⊥ zur Faser)	2,0
– Nadelholz S 10 (∥ zur Faser)	8,5
– Laubholz S 10 (⊥. zur Faser)	3,0
– Laubholz S 10 (∥ zur Faser)	10,0
– Brettschichtholz – Nadelholz S 10 (⊥ z. F)	2,5
– Brettschichtholz – Nadelholz S 10 (∥ z. F)	8,5
• Mauerwerk (Steinfestigkeitsklasse 12)	
– mit Normalmörtel MG I	0,8
– mit Normalmörtel MG II	1,2
– mit Normalmörtel MG IIa	1,6
– mit Normalmörtel MG III	1,8
– mit Normalmörtel MG IIIa	1,9
– mit Dünnbettmörtel	2,0
– mit Leichtmörtel LM 21	0,9
– mit Leichtmörtel LM 36	1,1

<u>*Berechnungsbeispiel:*</u>

Ein Stahlbetonbalken belastet eine Fensteröffnung

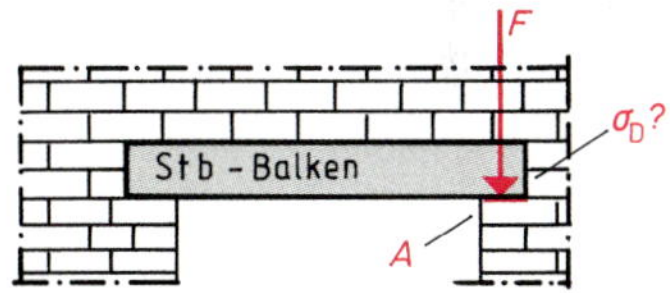

<u>Vorgaben:</u> *F = 37 000 N;*
A = 24 cm · 12 cm = 28 800 mm²;
Steinfestigkeit 12; MG II

<u>Fragen:</u> – σ_D? – σ_{zul}? – evtl. Verbesserungen?

→ $\sigma_D = F : A$ = 37 000 N : 28 800 mm² = <u>1,28 N/mm²</u>

→ σ_{zul} = 1,2 N/mm² *(Tabelle)*

⇒ σ_D überschreitet σ_{zul}

→ Verbesserungen:

1. MG III wählen → σ_{zul} (bei MG III) = 1,8 N/mm²
   (→ MG II + MG IIa sind zusammen unzulässig)
2. Auflagerfläche vergrößern
   z. B.: 24 cm · 15 cm = 36 000 mm²
   → $\sigma_D = F : A$ = 37 000 N : 36 000 mm² = <u>1,03 N/mm²</u> i. O.

48 Zug- und Scherspannungen

Neben Druckspannungen werden Bauteile u. a. auch durch Zug- und Scherspannungen belastet.

Zugspannungen

→ *Kräfte können auch ein Bauteil **„auseinanderziehen“**. Durch zu hohe Zugkräfte besteht die Gefahr des Reißens.*

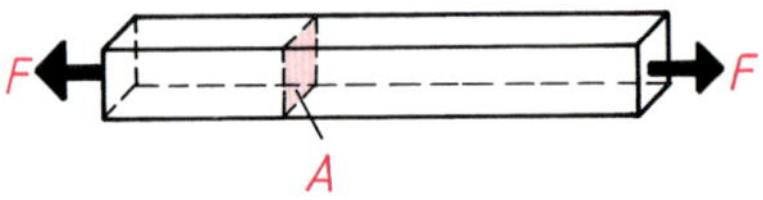

Die auftretenden (vorhandenen) Zugspannungen (**vorh** σ_z) dürfen eine zulässige Zugspannung (σ_{zul}) nicht überschreiten.

$$\text{vorh } \sigma_z = \frac{\textbf{Kraft} \text{ (in N)}}{\textbf{Fläche} \text{ (in mm}^2\text{)}} = \frac{F}{A} \leq \sigma_{zul} \text{ (in N/mm}^2\text{)}$$

Zulässige Zugspannungen (σ_{zul}) – (Auszug)

Baustoff	σ_{zul} (in N/mm²)
• Baustahl (Träger aus S235 JR = St-37-2)	218
• Nadelholz S 10 (‖ zur Faser)	7,0
• Mauerwerk	**0**
• Unbewehrter Beton	**0**

Scherspannungen

→ *Kräfte können (besonders bei eingespannten Bauteilen) neben dem Auflager wirken. Es besteht die Gefahr des **Abscherens“**.*

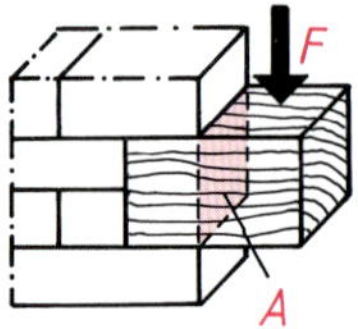

Die auftretenden (vorhandenen) Scherspannungen (**vorh** τ) dürfen eine zulässige Scherspannung (τ_{zul}) nicht überschreiten.

$$\text{vorh } \tau = \frac{\textbf{Kraft} \text{ (in N)}}{\textbf{Fläche} \text{ (in mm}^2\text{)}} = \frac{F}{A} \leq \tau_{zul} \text{ (in N/mm}^2\text{)}$$

Zulässige Scherspannungen (τ_{zul}) – (Auszug)

Baustoff	τ_{zul} (in N/mm²)
• Baustahl (Träger aus S235 JR)	126
• Nadelholz S 10	0,9
• Mauerwerk	≈ 0,04
• Unbewehrter Beton	0,25

Grundgrößen für Wärmeschutzberechnungen

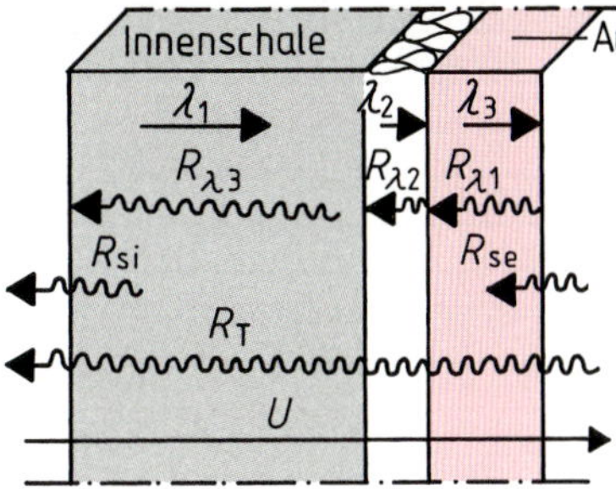

	Kurzzeichen
Wärme-Leitfähigkeiten *(→ hier 3)*	λ *(sprich: Lamda)*
Wärme-Durchlass-Widerstände *(→ hier 3)*	$R_{\lambda 1}$ $R_{\lambda 2}$ $R_{\lambda 3}$ ... $R_{\lambda n}$
Wärme-Übergangs-Widerstände *(→ hier 2)*	R_{si} (innen) R_{se} (außen)
Wärme-Durchgangs-Widerstand	R_T
Wärme-Durchgangskoeffizient	**U-Wert**

Wärmeleitfähigkeit λ	→ Für jeden Baustoff anders (siehe die folgenden 2 Seiten)	
Wärmedurchlasswiderstand R_λ Merke: *R_λ ist für jede einzelne Schicht zu berechnen.*	→ $R_\lambda = d / \lambda$	→ d = Dicke einer Schicht; → λ = Wärmeleitfähigkeit
Wärmeübergangswiderstand R_s – „Gängige“ Werte sind:	→ ist (meist) der Wärmewiderstand gegen Luftschichten. • gegen Außenluft: R_{se} = **0,04** • gegen Innenluft: R_{si} = **0,13** • Luftschicht in 2-schaligen Wänden: Luftschichtdicke 2–5 cm → R_L = **0,17** *(Andere Werte siehe DIN V 4108)*	
Wärmedurchgangswiderstand R_T	→ Summe aller R_λ und R_s	→ $R_T = R_{se} + R_{\lambda 1} + R_{\lambda 2} + \ldots + R_{si}$
Wärmedurchgangskoeffizient U	→ Kehrwert von R_T	→ $U = 1 : R_T$

50 Rohdichte und Wärmeleitfähigkeit von Baustoffen (1)

Rechenwerte für Rohdichte (ϱ) und Wärmeleitfähigkeit (λ)		
	ϱ (kg/dm³)	λ (W/m · K)
Mauerwerk:		
Vollklinker, Hochlochklinker	2,0	0,96
Vollziegel, Hochlochziegel	1,2	0,50
Leichthochlochziegel (Lochung A+B)	0,7	0,36
Hochlochziegel W (mit Zulassung)	0,7	0,21
Kalksandsteine (KS, KSL)	1,4	0,70
Kalksandsteine (KSVm, KSVb)	1,8	0,99
Hüttensteine	1,0	0,58
Porenbeton-Blocksteine	0,6	0,20
Leichtbeton-Hohlblocksteine (3 K)	0,8	0,46
Putze, Estriche:		
Kalkmörtel, Kalkzementmörtel	1,8	1,0
Gipsmörtel, Kalkgipsmörtel	1,4	0,70
Zementmörtel	2,0	1,6
Leichtmörtel LM 21	0,7	0,21
Wärmedämmputz	~ 0,4	0,09
Anhydritestrich	2,1	1,2
Zementestrich	2,0	1,4
Betone:		
Normalbeton	2,4	2,0
Leichtbeton	1,0	0,39
Schwerbeton	> 2,6	2,4

Rohdichte und Wärmeleitfähigkeit von Baustoffen (2)

Rechenwerte für Rohdichte (ϱ) und Wärmeleitfähigkeit (λ)		
	ϱ (kg/dm³)	λ (W/m · K)
Wärmedämmstoffe:		
Faserdämmstoffe (z. B. 035)	0,08	0,035
PS-Hartschaum (z. B. 035)	–	0,035
PUR-Hartschaum (z. B. 035)	–	0,035
Hyperlite	0,1	0,060
Glaswolle/Mineralfaser (z. B. 035)	–	0,035
Schaumglas (z. B. 045)	ca. 0,1	0,045
Bauplatten:		
Gipskartonplatten	1,0	0,47
Gipswandbauplatten	1,2	0,58
Spanplatten	0,7	0,13
Holz und Holzwerkstoffe:		
Eiche, Buche	0,7	0,18
Fichte, Tanne, Kiefer	0,5	0,13
Sperrholz	0,7	0,17
Holzspanplatten	0,6	0,14
Sonstige Stoffe:		
Glas	2,5	1,0
Stahl	7,85	50
Aluminium	2,7	170
Kupfer	8,9	380

52 Wärmeschutzberechnung – Beispiel

So sieht die Berechnung eines *U*-Wertes z. B. aus:

Zweischaliges Mauerwerk

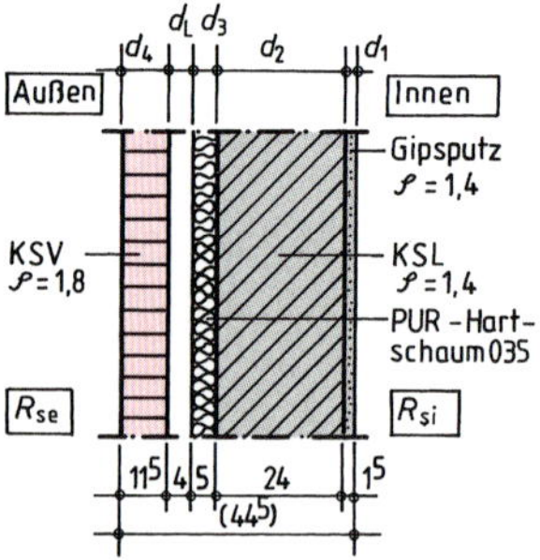

Schicht	d_1	d_2	d_3	d_L	d_4	aus Zeichnung
Stoff	Gips	KSL	PUR	Luft	KSVb	aus Zeichnung
Dichte ϱ	1,4	1,4	–	–	1,8	aus Zeichnung
Leitfhgkt. λ	0,70	0,70	0,035	–	0,99	aus Tabelle
Dicke ***d*** **(m)**	0,015	0,24	0,05	0,04	0,115	aus Zeichnung
d **: λ**	0,015 : 0,70	0,24 : 0,70	0,035 : 0,05	(immer) ⇓	0,115 : 0,99	von oben
$d : \lambda = R_\lambda$	**0,021**	**0,343**	**1,43**	**0,17**	**0,116**	Taschenrechner
alle R_λ:	= ganze Wand: = **1,95**					addieren
R_T =	R_{si} (0,04) + (Luft innen)	R_λ (2,166) (alle R_λ)	+ R_{se} (0,13) (Luft außen)	**= 2,12**		addieren
Zur Erinnerung: U-Wert ist Kehrwert von $1/R_T$ → *hier: von 2,12 : 1*						
***U*-Wert =**	**1 : 2,12 = 0,47**					Kehrwert bilden

Und so werden die errechneten *U*-Werte bewertet:

***U*-Werte:**			
	unter 0,20	⇒	**sehr guter** Wärmeschutz
	bis 0,30	⇒	**guter** Wärmeschutz
	bis 0,40	⇒	**befriedigender** Wärmeschutz
	bis 0,50	⇒	**ausreichender** Wärmeschutz
	über 0,50	⇒	**schlechter** Wärmeschutz → Maßnahmen erforderlich

3. Richtgrößen der Baustoffe

3.1 Tiefbau
3.2 Mauerwerksbau
3.3 Beton und Stahlbeton
3.4 Holzbau
3.5 Ausbau
3.6 Dachdeckung

54 Fundamente (1) – Vorhandene Bodenpressung

Jedes Bauwerk muss über seine Fundamente sicher auf dem Baugrund stehen. Maßgeblich dafür ist der Druck auf den Boden (**Bodenpressung**) am Übergang Fundament / Boden. Zu unterscheiden sind:

1. zulässige Bodenpressung σ_{zul} (→ in Tabellen)	→ Erfahrungswerte: ≈ **0,10** bis **0,50 N/mm²** bzw. **MN/m²**
2. am Baugrund **vorhandene Bodenpressung** σ_{vorh}	→ ist für **jedes Bauwerk** zu berechnen.

Beispiel:
Einzelfundament unter einer Stütze

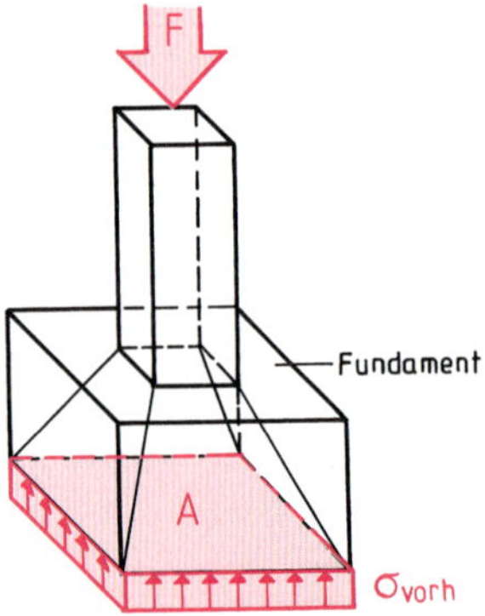

F = abzuleitende Bauwerkslast
A = Fläche der Fundamentsohle
σ_{vorh} = vorhandene Bodenpressung

Berechnung: **vorhandene Bodenpressung** σ_{vorh}

σ_{vorh} in N/mm²	$\sigma_{vorh} = \frac{F}{A}$	→ Last *F* in N → Fläche *A* in mm²

Dabei sind zu beachten:

F = Bauwerkslast	⇒ Besonderheit bei Streifenfundamenten: Die Bauwerkslast ist immer bezogen auf 1 m Fundamentlänge (z. B. 120 kN / **m**) → *zur Erinnerung:* 1 kN = 1 000 N = 0,001 MN
A = Fläche der Fundamentsohle	⇒ Bei Streifenfundamenten: $A = l \cdot b$ ⇒ Bei Einzelfundamenten meist: $A = a \cdot a$

Beispiel:
Wie groß ist die vorhandene Bodenpressung (σ_{vorh}) bei einem quadratischen Einzelfundament ?
bekannt sind: $F = 120$ kN/(m) = 120 000 N/(m); $A = 0{,}8$ m · 0,8 m = 640 000 mm²
Ergebnis: $\sigma_{vorh} = F : A$ = 120 000 N : 640 000 mm² = 0,19 N/mm²

Fundamente (2) – Fundamentbreite

In der Regel sind bekannt: die Bauwerkslasten F und die zulässige Bodenpressung σ_{zul}. Daher sind dann nur noch zu ermitteln:

a) die erforderliche **Fläche der Fundamentsohle** A_{erf} und
b) die erforderliche **Breite** b des Fundamentes.

Beispiel:
Streifenfundament

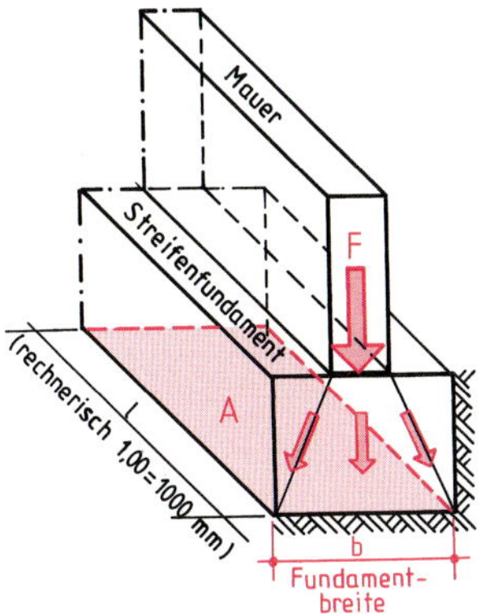

Berechnung: **Fläche der Fundamentsohle** A_{erf}

A_{erf} in mm²	$A_{erf} = \frac{F}{\sigma_{zul}}$	→ Last F in N → σ_{zul} in N/mm²

Berechnung: **Breite b (a)** bei:

Streifenfundament			quadrat. Einzelfundament		
$b = \frac{A_{erf}}{l}$	←	$A_{erf} = l \cdot b$	$A_{erf} = a^2$	→	$a = \sqrt{A_{erf}}$

Beispiele: Gesucht werden die Fundamentbreiten b (a) für Streifen- und Einzelfundament. → geg.: $F = 120$ kN $= 120\,000$ N; $\sigma_{zul} = 0{,}2$ N/mm²

Lösung a) $A_{erf} = F : \sigma_{zul} = 120\,000 \text{ N} : 0{,}2 \text{ N/mm}^2 = 600\,000 \text{ mm}^2$

Lösung b)

Streifenfundament:	Einzelfundament:
$b = \frac{A_{erf}}{l} = \frac{600\,000 \text{ mm}^2}{1\,000 \text{ mm}}$ $= 600 \text{ mm} \rightarrow \underline{b = 60 \text{ cm}}$	$a = \sqrt{A_{erf}} = \sqrt{600\,000 \text{ mm}^2}$ $= 775 \text{ mm} \rightarrow \underline{a = 77{,}5 \text{ cm}}$

56 Fundamente (3) – Fundamenthöhe

Ist die **Fundamentbreite *b*** bekannt, kann die **erforderliche Fundamenthöhe *h*** berechnet werden.
Dabei muss man berücksichtigen:
– Im Fundamentbeton verteilt sich die Bauwerkslast unter einem Lastverteilungswinkel α von etwa 60°.

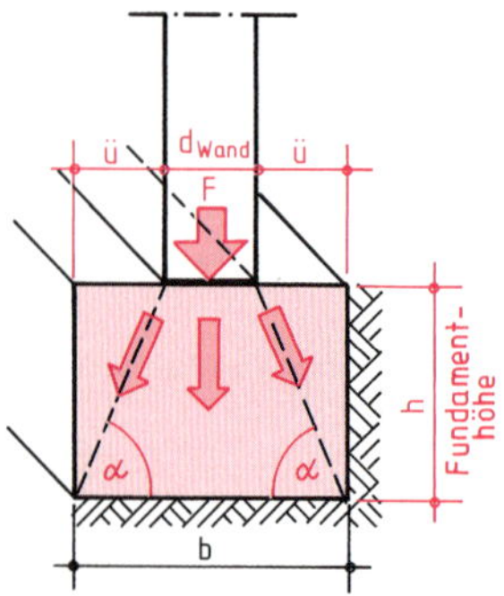

ü = seitlicher Überstand
d_{wand} = Wanddicke
b = Fundamentbreite
h = Fundamenthöhe
α = Lastverteilungswinkel ≈ 60°
F = abzuleitende Baulast

Berechnung: **Überstand ü**

ü = Überstand in cm	$\ddot{u} = \frac{b - d_{wand}}{2}$	*b* = Fundamentbreite in cm d_{wand} = Dicke der Wand

Berechnung: **Fundamenthöhe *h* → Faustformel**
(→ dabei ist der Lastverteilungswinkel α schon berücksichtigt)

h = Fundamenthöhe in cm	$h = 1{,}75 \cdot \ddot{u}$	*ü* = Überstand in cm

Beispiel: Fundamenthöhe *h* gesucht.
Geg.: Wanddicke d_{wand} = 24 cm; Fundamentbreite *b* = 60 cm

1. Lösung zu *ü*: $\ddot{u} = \frac{60\text{ cm} - 24\text{ cm}}{2} = \underline{18\text{ cm}}$

2. Lösung zu *h*: $h = 1{,}75 \cdot 18\text{ cm} \approx \underline{32\text{ cm}}$

Erdarbeiten (1) – Baugrubensicherung

Was muss beim Anlegen von Baugruben und Gräben beachtet werden?

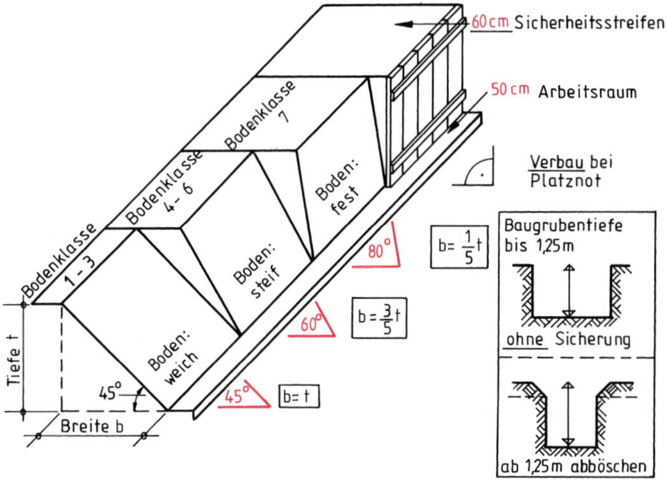

1. Baugruben müssen ab einer bestimmten Tiefe **abgeböscht** oder **verbaut** werden!

- Bis 1,25 m Baugrubentiefe:
  → ***Keine Absicherung nötig***
- Bis 1,75 m Baugrubentiefe:
  → ***Oberen Teil*** *(über 1,25 m)* ***abböschen oder verbauen***
- Ab 1,75 m Baugrubentiefe:
  → ***In voller Höhe abböschen oder verbauen***

2. Sicherheitsstreifen frei halten

- mindestens 60 cm hinter der Baugrube

3. Neigung der Böschung

= **Böschungswinkel** einhalten
- richtet sich nach der Bodenart

4. Arbeitsraum berücksichtigen

- 50 cm rund um das Bauwerk frei halten

5. Baugrubensohle plan machen

- eben und waagerecht

Erdarbeiten (2) – Gräben

Für Gräben, die **verbaut** werden müssen, gelten folgende Grabenbreiten:

Graben**breite = äußerer Rohrdurchmesser + Arbeitsraum**

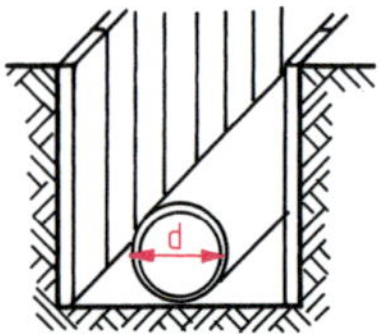

+

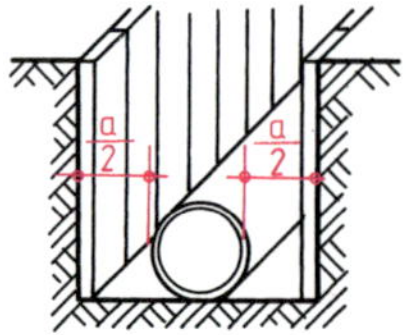

=

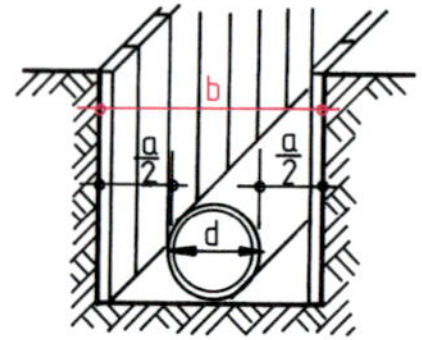

Rohrdurchmesser ***d***		Arbeitsraum ***a***		Grabenbreite ***b*** (in cm)
d → bis 35 cm	+	50 cm	=	***b*** = ***d*** **+ 50**
d → bis 70 cm	+	70 cm	=	***b*** = ***d*** **+ 70**
d → bis 120 cm	+	85 cm	=	***b*** = ***d*** **+ 85**
d → über 120 cm	+	100 cm	=	***b*** = ***d*** **+ 100**

ACHTUNG !

Graben**tiefe** = Welche **Mindestgrabenbreiten** sind einzuhalten?

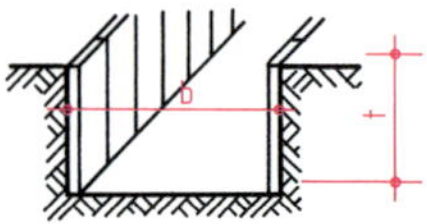

Grabentiefe ***t***		Grabenbreite ***b*** (in cm)
• von 1,00 m bis 1,75 m	⇒	***b*** = **80**
• bis 4,00 m	⇒	***b*** = **90**
• über 4,00 m	⇒	***b*** = **100**

Aufpassen: Für die Grabenbreite gilt immer der höhere Wert.

Mauersteine (1): Klein- und Mittelformate

Kurzzeichen	Maße in cm *l*	Maße in cm *b*	Maße in cm *h*	Lagerfuge (cm)	Stoßfuge (cm)	besondere Anmerkungen	Masse (Gewicht) je Stein in kg trocken[1]), bei einer Rohdichte von: 0,7 kg/dm³	1,2 kg/dm³	1,8 kg/dm³
1 DF	24,0	11,5	5,2	1,05	1,0		1,00	1,72	2,58
NF	24,0	11,5	7,1	1,23	1,0		1,37	2,35	3,53
2 DF	24,0	11,5	11,3	1,2	1,0		2,18	3,74	5,61
3 DF	24,0	17,5	11,3	1,2	1,0		3,32	5,70	8,54
4 DF	24,0	24,0	11,3	1,2	1,0		4,56	7,81[3])	11,71
	24,7[2])	24,0	11,3	1,2	0,3	Knirschverlegung	4,69	8,03	12,06
5 DF	24,0	30,0	11,3	1,2	1,0		5,70	9,76	14,64
	24,7	30,0	11,3	1,2	0,3	Knirschverlegung	5,86	10,05	15,07
	30,0	24,0	11,3	1,2	1,0		5,70	9,76	14,64
6 DF	24,0	36,5	11,3	1,2	1,0		6,93	11,88	17,82
	24,7	36,5	11,3	1,2	0,3	Knirschverlegung	7,13	12,23	18,34
	36,5	24,0	11,3	1,2	1,0		6,93	11,88	17,82
	37,2	24,0	11,3	1,2	0,3	Knirschverlegung	7,06	12,11	18,16

1) = Sind die Mauersteine „baustellenfeucht", erhöht sich das Steingewicht um etwa 5 %.
z. B.: 2 DF-Stein mit 1,2 kg/dm³ Rohdichte → Gewicht bei „Baufeuchte" = 3,74 kg · 1,05 = 3,93 kg

2) 24,7 cm = Diese Werte sind abweichend von der Regelausführung der Steine bzw. Fugen.

3) ≥ 7,50 kg = Zweihandsteine

Mauersteine (2): Großformate

Kurzzeichen	Maße in cm			Lagerfuge	Stoßfuge	besondere Anmerkungen	Masse (Gewicht) je Stein in kg trocken[1]), bei einer Rohdichte von:		
	l	*b*	*h*	(cm)	(cm)		**0,7** kg/dm³	**1,2** kg/dm³	**1,8** kg/dm³
8 DF	24,0	24,0	23,8	1,2	1,0		9,60 [2])	16,45	24,68
	24,7	24,0	23,8	1,2	0,3	Knirschverlegung (K)	9,88	16,93	25,40 [3])
	24,7	24,0	24,9	0,1	0,3	Dünnbettfuge + (K)	10,33	17,71	26,57
	49,0	11,5	23,8	1,2	1,0		9,39	16,09	24,14
	49,7	11,5	24,9	0,1	0,3	Knirschverlegung (K)	9,52	16,32	24,49
	49,9	11,5	24,9	0,1	0,3	Dünnbettfuge + (K)	10,00	17,15	25,72 [3])
10 DF	30,0	24,0	23,8	1,2	1,2		12,00	20,56	30,85
	30,7	24,0	23,8	1,2	0,5	Knirschverlegung (K)	12,28	21,04	31,56
	30,8	24,0	24,9	0,1	0,4	Dünnbettfuge + (K)	12,88	22,09	33,13
	24,0	30,0	23,8	1,2	1,0		12,00	20,56	30,84
	24,7	30,0	23,8	1,2	0,3	Knirschverlegung (K)	12,35	21,16	31,74
	24,8	30,0	24,9	0,1	0,2	Dünnbettfuge + (K)	12,97	22,23	33,35
12 DF	24,0	36,5	23,8	1,2	1,0		14,59	25,02 [3])	37,53
	49,7	17,5	24,9	0,1	0,3	Knirschverlegung (K)	15,02	25,75	38,62
	24,8	36,5	24,9	0,1	0,2	Dünnbettfuge + (K)	15,78	27,05	40,57
	36,5	24,0	24,9	0,1	1,0	Dünnbettfuge + (K)	14,59	25,02	37,53
	37,2	24,0	24,9	0,1	0,3	Knirschverlegung (K)	14,87	25,50	38,25

[1]) vgl. Seite 61 [2]) ≥ 7,50 kg = Zweihandsteine [3]) ≥ 25,0 kg = dürfen nur mit Versetzgeräten verlegt werden

Mauersteine (3): Großformate

Kurzzeichen	Maße in cm *l*	Maße in cm *b*	Maße in cm *h*	Lagerfuge (cm)	Stoßfuge (cm)	besondere Anmerkungen	Masse (Gewicht) je Stein in kg trocken[1]), bei einer Rohdichte von: 0,7 kg/dm³	1,2 kg/dm³	1,8 kg/dm³
15 DF	36,5	30,0	23,8	1,2	1,0		18,24 [2])	31,27 [3])	46,91 [3])
	37,3	30,0	23,8	1,2	0,2	Knirschverlegung (K)	18,64	31,96	47,94
	37,3	30,0	24,9	0,1	0,2	Dünnbettfuge + (K)	19,50	33,44	50,15
16 DF	49,0	24,0	23,8	1,2	1,0		19,59	33,59	50,38
	49,7	24,0	24,9	0,1	0,3	Knirschverlegung (K)	19,87	34,07	51,10
	24,0	49,0	23,8	1,2	1,0		19,59	33,59	50,38
	24,7 [4])	49,0	24,9	0,1	0,3	Knirschverlegung (K)	20,16	34,57	51,85
18 DF	37,2	36,5	24,9	0,1	0,3	Knirschverlegung (K)	22,20	38,05	57,07
20 DF	49,0	30,0	23,8	1,2	1,0		24,49	41,98	62,97
	49,7	30,0	24,9	0,1	0,3	Knirschverlegung (K)	24,84	42,58	63,87
24 DF	49,7	36,5	24,9	0,1	0,3	Knirschverlegung (K)	29,80 [3])	51,08	76,62

1) = Sind die Mauersteine „baustellenfeucht“, erhöht sich das Steingewicht um etwa 5 %.

z. B.: 16 DF-Stein mit 1,2 kg/dm³ Rohdichte → Gewicht bei „Baufeuchte“ = 33,59 kg · 1,05 = 35,27 kg

2) ≥ 7,50 kg = Zweihandsteine

3) ≥ 25,0 kg = dürfen nur mit Versetzgeräten verlegt werden

4) 24,7/49,7 cm = Diese Werte sind abweichend von der Regelausführung der Steine bzw. Fugen.

(K) = Knirschverlegung

62 Mauerlängen (1) – Kopfmaßtabelle

A-Maß = **Außen- oder Pfeilermaß** → gilt z. B. für: Wandlängen, Pfeilerbreiten, Wanddicken
V-Maß = **Vorlagen- oder Anbaumaß** → gilt z. B. für: Wandvorlagen, Pfeilervorlagen, Angebaute Mauern
Ö-Maß = **Öffnungs- oder Innenmaß** → gilt z. B. für: Fensteröffnungen, Türöffnungen, Rauminnenmaße

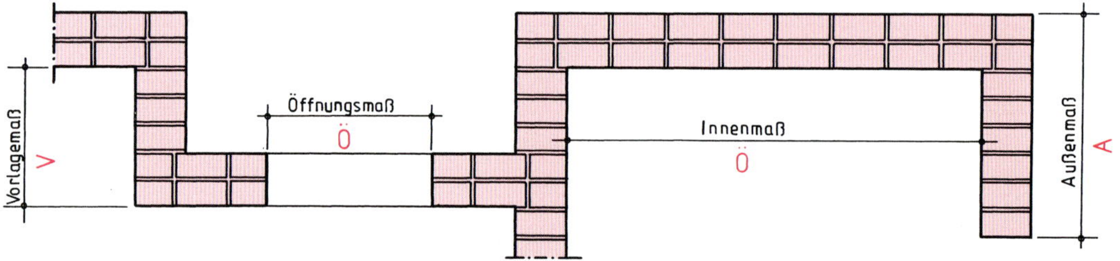

Kopf-anzahl	A Maß	V Maß	Ö Maß
0,5	5^{25}	6^{25}	7^{25}
1	11^{5}	12^{5}	13^{5}
1,5	17^{75}	18^{75}	19^{75}
2	24	25	26
2,5	30^{25}	31^{25}	32^{25}
3	36^{5}	37^{5}	38^{5}
3,5	42^{75}	43^{75}	44^{75}

Kopf-anzahl	A Maß	V Maß	Ö Maß
4	49	50	51
4,5	55^{25}	56^{25}	57^{25}
5	61^{5}	62^{5}	63^{5}
5,5	67^{75}	68^{75}	69^{75}
6	74	75	76
6,5	80^{25}	81^{25}	82^{25}
7	86^{5}	87^{5}	88^{5}

Kopf-anzahl	A Maß	V Maß	Ö Maß
7,5	92^{75}	93^{75}	94^{75}
8	**99**	**1,00**	**1,01**
8,5	$1{,}05^{25}$	$1{,}06^{25}$	$1{,}07^{25}$
9	$1{,}11^{5}$	$1{,}12^{5}$	$1{,}13^{5}$
9,5	$1{,}17^{75}$	$1{,}18^{75}$	$1{,}19^{75}$
10	**1,24**	**1,25**	**1,26**

Mauerlängen (2) – Kopfmaßtabelle

Kopf-anzahl	A Maß	V Maß	Ö Maß
10,5	$1,30^{25}$	$1,31^{25}$	$1,32^{25}$
11	$1,36^{5}$	$1,37^{5}$	$1,38^{5}$
11,5	$1,42^{75}$	$1,43^{75}$	$1,44^{75}$
12	1,49	1,50	1,51
12,5	$1,55^{25}$	$1,56^{25}$	$1,57^{25}$
13	$1,61^{5}$	$1,62^{5}$	$1,63^{5}$
13,5	$1,67^{75}$	$1,68^{75}$	$1,69^{75}$
14	1,74	1,75	1,76
14,5	$1,80^{25}$	$1,81^{25}$	$1,82^{25}$
15	$1,86^{5}$	$1,87^{5}$	$1,88^{5}$
15,5	$1,92^{75}$	$1,93^{75}$	$1,94^{75}$
16	1,99	2,00	2,01
16,5	$2,05^{25}$	$2,06^{25}$	$2,07^{25}$
17	$2,11^{5}$	$2,12^{5}$	$2,13^{5}$
17,5	$2,17^{75}$	$2,18^{75}$	$2,19^{75}$
18	2,24	2,25	2,26
18,5	$2,30^{25}$	$2,31^{25}$	$2,32^{25}$
19	$2,36^{5}$	$2,37^{5}$	$2,38^{5}$
19,5	$2,42^{75}$	$2,43^{75}$	$2,44^{75}$
20	2,49	2,50	2,51

Kopf-anzahl	A Maß	V Maß	Ö Maß
21	$2,61^{5}$	$2,62^{5}$	$2,63^{5}$
22	2,74	2,75	2,76
23	$2,86^{5}$	$2,87^{5}$	$2,88^{5}$
24	2,99	3,00	3,01
25	$3,11^{5}$	$3,12^{5}$	$3,13^{5}$
26	3,24	3,25	3,26
27	$3,36^{5}$	$3,37^{5}$	$3,38^{5}$
28	3,49	3,50	3,51
29	$3,61^{5}$	$3,62^{5}$	$3,63^{5}$
30	3,74	3,75	3,76
32	3,99	4,00	4,01
34	4,24	4,25	4,26
36	4,49	4,50	4,51
38	4,74	4,75	4,76
40	4,99	5,00	5,01
42	5,24	5,25	5,26
44	5,49	5,50	5,51
46	5,74	5,75	5,76
48	5,99	6,00	6,01
50	6,24	6,25	6,26

Beispiele
zum Umgang mit der Tabelle:

1. 15,5 Köpfe im V-Maß?

*→ Kopfanzahl 15,5 → **V-Maß** →*
= $1,93^{75}$ m

---

2. 31 Köpfe im Ö-Maß?

Aufpassen!
*→ Suche 30 Köpfe im **V-Maß***
= 3,75 m
*→ Suche 1 Kopf im **Ö-Maß***
= $0,13^{5}$ m
Ergebnis:** 3,75 m + $0,13^{5}$ m **= $3,88^{5}$ m

---

3. 56 Köpfe im A-Maß?

Aufpassen!
*→ Suche 50 Köpfe im **V-Maß***
= 6,25 m
*→ Suche 6 Köpfe im **A-Maß***
= 0,74 m
Ergebnis:** 6,25 m + 0,74 m **= 6,99 m

64 Mauerhöhen – Schichtentabelle

Schichthöhen für DF, NF, 2 DF, 3 DF, Großformate (ab 8 DF)

DF

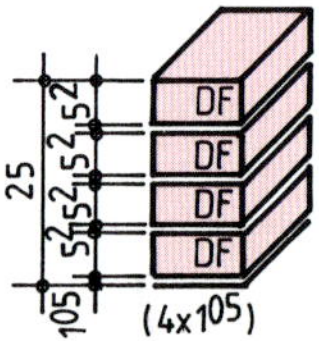

4 Steine für 25 cm
Lagerfugen: 1^{05} cm

NF

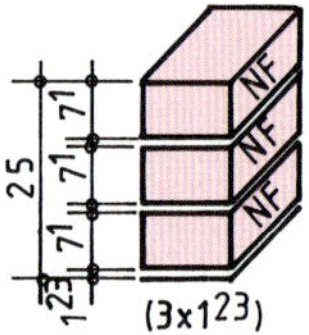

3 Steine für 25 cm
Lagerfugen: 1^{23} cm

2 DF

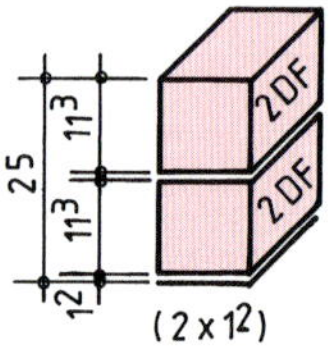

3 DF

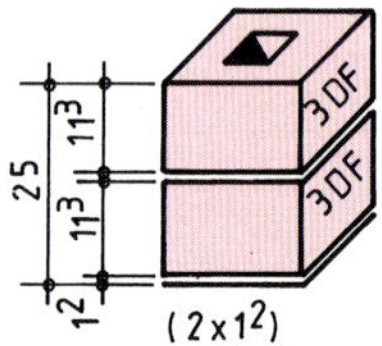

2 Steine für 25 cm
Lagerfugen: 1^{2} cm

Großformate

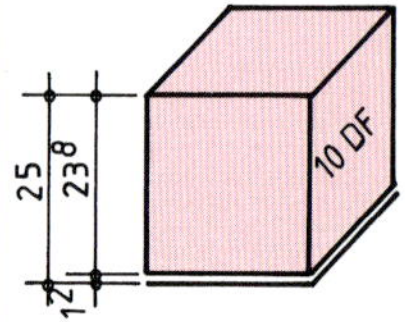

1 Stein für 25 cm
Lagerfuge: 1^{2} cm

Schichten	Schichthöhen DF	Schichthöhen NF	Schichthöhen 2-/3 DF
1	6^{25}	8^{3}	12^{5}
2	12^{5}	16^{7}	25
3	18^{75}	25	37^{5}
4	25	33^{3}	50
5	31^{25}	41^{7}	62^{5}
6	37^{5}	50	75
7	43^{75}	58^{3}	87^{5}
8	50	66^{7}	**1,00**
9	56^{25}	75	$1{,}12^{5}$
10	62^{5}	83^{3}	1,25

Schichten	Schichthöhen DF	Schichthöhen NF	Schichthöhen 2-/3 DF
11	68^{75}	91^{7}	$1{,}37^{5}$
12	75	1,00	1,50
13	81^{25}	$1{,}08^{3}$	$1{,}62^{5}$
14	87^{5}	$1{,}16^{7}$	1,75
15	93^{75}	1,25	$1{,}87^{5}$
16	**1,00**	$1{,}33^{3}$	2,00
17	$1{,}06^{25}$	$1{,}41^{7}$	$2{,}12^{5}$
18	$1{,}12^{5}$	1,50	2,25
19	$1{,}18^{75}$	$1{,}58^{3}$	$2{,}37^{5}$
20	1,25	$1{,}66^{7}$	2,50

Schichten	Schichthöhen DF	Schichthöhen NF	Schichthöhen 2-/3 DF
22	$1{,}37^{5}$	$1{,}83^{3}$	2,75
24	1,50	2,00	3,00
26	$1{,}62^{5}$	$2{,}16^{7}$	3,25
28	1,75	$2{,}33^{3}$	3,50
30	$1{,}87^{5}$	2,50	3,75

Beispiel zum Umgang mit der Tabelle

Höhe von 37 Schichten im NF-Format?

Suche: 30 Schichten + 7 Schichten

= 2,50 m + $0{,}58^{3}$ m ***= $3{,}08^{3}$ m***

Mauermörtel – Raumteile und Bedarf

Mörtelgruppe (MG)	Mörtelart	Bindemittelart	Mischungsverhältnis nach Raumteilen			Für 1m³ Normalmörtel werden in kg benötigt:		
			Kalk	Zement	Sand	Kalk	Zement	Sand
I	*Kalkmörtel*	Kalkteig	1	–	4	380	–	1585
		Kalkhydrat	1	–	3	200	–	1560
		Hydraulischer Kalk HL 2	1	–	3	390	–	1520
		Hydraulischer Kalk HL5	1	–	4,5	270	–	1575
		Putz- u. Mauerbinder MC 5	1	–	4,5	270	–	1575
II	*Kalkzementmörtel*	Kalkteig	1,5	1	8	275	180	1535
		Kalkhydrat	2	1	8	140	170	1455
		Hydraulischer Kalk HL 2	2	1	8	225	170	1455
		Hydraulischer Kalk HL5	1	–	3	390	–	1520
		Putz- u. Mauerbinder MC 5	1	–	3	390	–	1520
IIa	*Kalkzementmörtel*	Kalkhydrat	1	1	6	100	235	1520
		Hydraulischer Kalk HL5	2	1	8	280	170	1455
		Putz- u. Mauerbinder MC 5	2	1	8	280	170	1455
III	*Zementmörtel*	Zement	–	1	4	–	360	1560
IIIa		Zement	–	1	4	–	360	1560

Den Tabellenwerten liegen folgende Rohdichten zugrunde:
– Kalkteig / Hydraulischer Kalk HL2 = 1,25 kg/dm³; - Kalkhydrat = 0,5 kg/dm³; - Hydraulischer Kalk HL5 / Putz- und Mauerbinder = 1,0 kg/dm³; - Zement = 1,2 kg/dm³; - Lagerfeuchter Sand (3 % Feuchte) = 1,3 kg/dm³;

Umrechnung von kg in Liter: Gewicht in kg : **Dichte** in kg/dm³

66 Mauermörtel – Mörtelberechnungen (1)

So sieht der Vorgang beim „Anmachen“ von Mauermörtel schematisch aus:

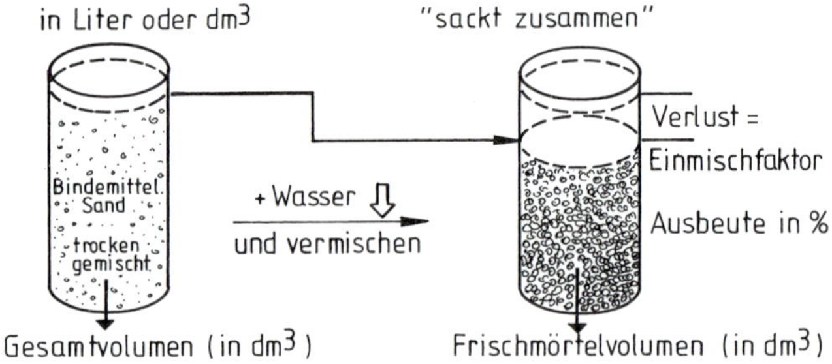

← Trockenmörtel (Bindemittel + Sand) ergibt bei der Verarbeitung mit Wasser <u>weniger Frischmörtel!</u>

Merke:
Alle Mörtelberechnungen in dm^3
(nicht in kg)

4 Formeln → *Damit können Sie alle Mörtelberechnungen durchführen.*

1. **Mörtelausbeute** (in %) = $\frac{\textbf{Frischmörtelvolumen} \text{ in } dm^3 \cdot 100\,\%}{\textbf{Gesamtvolumen aller losen Bestandteile} \text{ in } dm^3}$

<u>Beispiel:</u> **20** dm^3 Kalk, **10** dm^3 Zement und **80** dm^3 Sand werden gemischt. Verhältnis: **2 : 1 : 8.**

Wie groß ist die Mörtelausbeute bei einem Frischmörtelvolumen von 75 dm^3?

Lösung:

$$\underline{\text{Mörtelausbeute}} = \frac{75\ dm^3 \cdot 100\ \%}{20\ dm^3 + 10\ dm^3 + 80\ dm^3} = \mathbf{68{,}2\ \%}$$

Mauermörtel – Mörtelberechnungen (2)

2. **Einmischfaktor** = $\frac{\textbf{Gesamtvolumen}\text{ aller losen Bestandteile in dm}^3}{\textbf{Frischmörtelvolumen}\text{ in dm}^3}$

Beispiel:	Wie groß ist der Einmischfaktor? Gesamtvolumen loser Bestandteile: 110 dm³. Frischmörtelvolumen: 75 dm³?
Lösung:	Einmischfaktor = 110 dm³ : 75 dm³ = **1,47**

3. **Gesamtvolumen** (in dm³) = $\frac{\textbf{Frischmörtelvolumen}\text{ in dm}^3 \cdot 100\ \%}{\textbf{Mörtelausbeute}\text{ in }\%}$

Beispiel:	150 dm³ Frischmörtel sind herzustellen. Mischungsverhältnis: 2 : 1 : 8. Mörtelausbeute 68,2 % Wie viel dm³ sind 1.) insgesamt erforderlich und 2.) an: Kalk, Zement und Sand?
Lösung 1:	Gesamtvolumen = 150 dm³ · 100 % : 68,2 % = **220 dm³**
	Mischungsverhältnis dazu: **220** dm³ sind aufzuteilen (2 : 1 : 8) auf: 2 Teile Kalk + 1Teil Zement + 8 Teile Sand = **11 Teile**
Lösung 2:	11 Raumteile gibt es → 1 Raumteil = 220 dm³ : 11 = 20 dm³ → Kalk: 2 · 20 dm³ = **40 dm³** → Zement: 1 · 20 dm³ = **20 dm³** → Sand: 8 · 20 dm³ = **160 dm³**

4. **Frischmörtelvolumen** (in dm³) = $\frac{\textbf{Mörtelausbeute}\text{ in }\% \cdot \textbf{Gesamtvolumen}\text{ in dm}^3}{\textbf{100}\ \%}$

Beispiel:	Gesamtvolumen der losen Bestandteile: 110 dm³. Mörtelausbeute: 68,2 % Wie groß ist das Frischmörtelvolumen?
Lösung:	Frischmörtel = 68,2 % · 110 dm³ : 100 % = 75 dm³

Mauerbögen (1) – Rundbogen

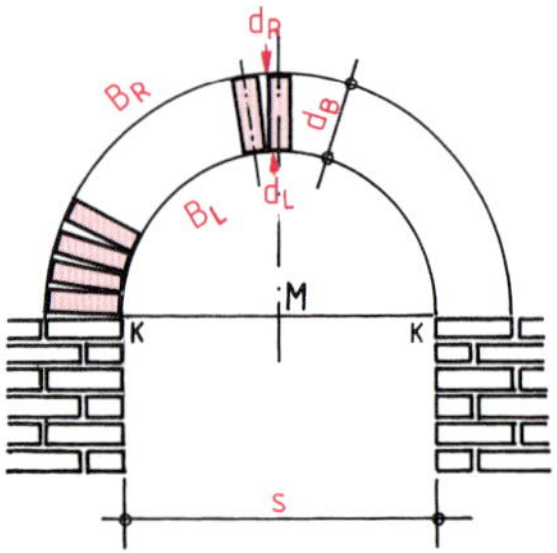

B_L = Bogenlänge der Leibung
B_R = Bogenlänge des Rückens
d_B = Bogendicke
d_L = Fugendicke der Leibung ($f_{min} \geq 0{,}5$ cm)
f_{min} = Mindestfugendicke
d_R = Fugendicke am Rücken ($f_{max} \leq 2{,}0$ cm)
f_{max} = Höchstfugendicke
n = Anzahl der benötigten Mauersteine
s = Spannweite des Bogens
M = Mittelpunkt
K = Kämpferpunkte

Formeln:	Beispiel:
	$s = 2{,}01$ m; $d_b = 24$ cm; DF-Steine
Bogenlänge der Leibung (B_L): $B_L = \frac{s \cdot \pi}{2}$	$B_L = \frac{2{,}01\,\text{m} \cdot 3{,}14}{2} = 3{,}16\,\text{m} = 316\,\text{cm}$
Bogenlänge des Rückens (B_R): $B_R = \frac{(s + 2 \cdot d_B) \cdot \pi}{2}$	$B_R = \frac{(2{,}01\,\text{m} + 2 \cdot 0{,}24\,\text{m}) \cdot 3{,}14}{2} = 3{,}91\,\text{m} = 391\,\text{cm}$
Anzahl der Mauersteine (n): → ungerade $n = \frac{B_L\,(\text{in cm}) - f_{min}}{\text{Steinhöhe} + f_{min}}$	$n = \frac{316\,\text{cm} - 0{,}5\,\text{cm}}{5{,}2\,\text{cm} + 0{,}5\,\text{cm}} = 55 \rightarrow$ ungerade
Fugendicke an der Leibung (d_L): $d_L = \frac{B_L - (n \cdot \text{Steinhöhe})}{n + 1}$	$d_L = \frac{316\,\text{cm} - (55 \cdot 5{,}2\,\text{cm})}{55 + 1} = 0{,}54\,\text{cm} > 0{,}5\,\text{cm}$
Fugendicke am Rücken (d_R): $d_R = \frac{B_R - (n \cdot \text{Steinhöhe})}{n + 1}$	$d_R = \frac{391\,\text{cm} - (55 \cdot 5{,}2\,\text{cm})}{55 + 1} = 1{,}87\,\text{cm} < 2{,}0\,\text{cm}$

Empfohlene Bogendicke/Spannweite bei Rundbögen:
$d_B = 11{,}5$ cm und 24 cm → s bis 2,10 m; $d_B = 36{,}5$ cm → s von 2,10 m bis 3,50 m

Mauerbögen (2) – Segmentbogen

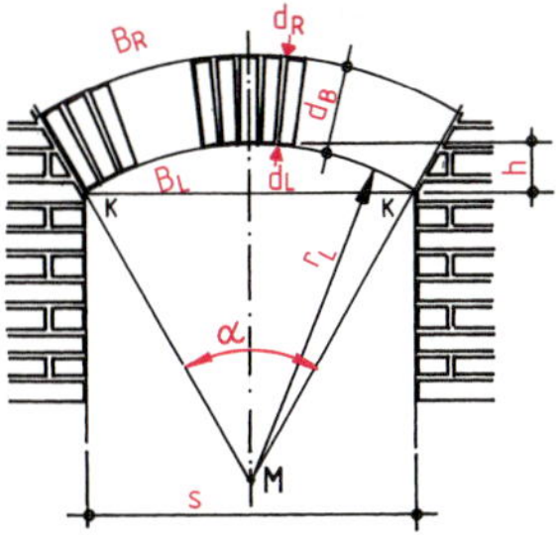

B_L = Bogenlänge der Leibung
B_R = Bogenlänge des Rückens
d_B = Bogendicke
r_L = Bogenradius der Leibung
d_L = Fugendicke der Leibung ($f_{min} \geq 0{,}5$ cm)
d_R = Fugendicke am Rücken ($f_{max} \leq 2{,}0$ cm)
h = Stichhöhe
α = Mittelpunktswinkel
n = Anzahl der benötigten Mauersteine
s = Spannweite des Bogens
M = Mittelpunkt
K = Kämpferpunkte

Formeln:	Beispiel:
Bogenradius an der Leibung (r_L): $r_L = \frac{h}{2} + \frac{s^2}{8 \cdot h}$	$s = 3{,}01$ m; $d_b = 36{,}5$ cm; DF-Steine $h = 37{,}5$ cm $h/s = 1/8$ $r_L = \frac{0{,}375\,\text{m}}{2} + \frac{(3{,}01\,\text{m})^2}{8 \cdot 0{,}375\,\text{m}} = 3{,}21$ m
Bogenlänge der Leibung (B_L): $B_L = 2 \cdot \pi \cdot r_L \cdot \frac{\alpha}{360}$	$B_L = 2 \cdot 3{,}14 \cdot 3{,}21\,\text{m} \cdot \frac{56°}{360°}$ $= 3{,}14$ m
Bogenlänge des Rückens (B_R): $B_R = 2 \cdot \pi \cdot (r_L + d_B) \cdot \frac{\alpha}{360}$	$B_R = 2 \cdot 3{,}14 \cdot (3{,}21\,\text{m} + 0{,}365\,\text{m}) \cdot \frac{56°}{360°}$ $= 3{,}49$ m
Anzahl der Mauersteine (n): → *ungerade* Fugendicke an der Leibung (d_L): Fugendicke am Rücken (d_R): → ***Berechnung wie beim Rundbogen***	Ergebnisse sind: $n = 53$ $d_L = 0{,}71$ cm > 0,5 cm $d_R = 1{,}36$ cm < 2,0 cm

Näherungswerte für den Mittelpunktswinkel:

Stichhöhe ***h*** / Spannweite ***s***	1/6	1/7	1/8	1/9	1/10	1/11	1/12
Mittelpunktswinkel α	74°	64°	56°	50°	45°	41°	38°

Empfohlene Bogendicke/Spannweite bei Segmentbögen:

$d_B = 24$ cm/36,5 cm → s bis 2,10 m; $d_B = 36{,}5$ cm/49 cm → s von 2,10 m bis 3,50 m

70 Bezeichnungen – Zement, Gesteinskörnung und Beton

Bezeichnung für Normalzement

CEM II A/S 42,5 R

Zementart	Festigkeitsklasse	
hier: Portlandhüttenzement	*hier: 42,5 N/mm²*	Zusatzbezeichnungen:

Zusatzbezeichnungen:

R	*erhärtet schnell*
N	*erhärtet langsam*
HS	*hoher Sulfatwiderstand*
NW	*niedrige Hydratationswärme (→ beim Abbinden weniger Wärme)*
HA	*niedriger Alkaligehalt*

Bezeichnung für Gesteinskörnungen

← z.B. → **0 / 16**

Kleinstkorn	Größtkorn
hier: Füller (≤0,063 mm)	*hier: Kies 16 mm*

Gängige Korngruppen für Betonzuschlag sind:

Feine Gesteinskörnung
0/2 – 2/4

oder:

Grobe Gesteinskörnung
0/4 – 4/8 – 8/16 – 16/32

Bezeichnung für Betone

nach der **Trockenrohdichte**	*nach der* **Ausführung**	*nach der* **Druckfestigkeitsklasse**
Leichtbeton (Rohd. 0,8 – 2,0 kg/dm³)	Standardbeton (nur C8/10; C12/15; C16/20)	Normal- und Schwerbeton (C8/10 – C50/60)
Normalbeton (>2,0 – 2,6 kg/dm³)	Beton nach Eigenschaften	Hochfester Beton (C55/67 – C100/115)
Schwerbeton (>2,6 kg/dm³)	Beton nach Zusammensetzung	

Betondruckfestigkeitsklassen

Normalbeton (und Schwerbeton)

Betondruckfestigkeitsklasse	Zylinderdruckfestigkeit in N/mm²	Würfeldruckfestigkeit in N/mm²	Betondruckfestigkeitsklasse	Zylinderdruckfestigkeit in N/mm²	Würfeldruckfestigkeit in N/mm²
C8/10	8	10	C30/37	30	37
C12/15	12	15	C35/45	35	45
C16/20	16	20	C40/50	40	50
C20/25	20	25	C45/55	45	55
C25/30	25	30	C50/60	50	60

Hochfester Beton

Betondruckfestigkeitsklasse	Zylinderdruckfestigkeit in N/mm²	Würfeldruckfestigkeit in N/mm²	Betondruckfestigkeitsklasse	Zylinderdruckfestigkeit in N/mm²	Würfeldruckfestigkeit in N/mm²
C55/67	55	67	C80/95	80	95
C60/75	60	75	C90/105	90	105
C70/85	70	85	C100/115	100	115

Was bedeutet die Bezeichnung C...... ? → als Beispiel: C16/20

C	16	20
Concrete (engl. = Beton)	*Geforderte Druckfestigkeit des Probe**zylinders** (h = 30 cm, d = 15 cm) nach 28 Tagen in N/mm² (hier: 16 N/mm²)*	*Geforderte Druckfestigkeit des Probe**würfels** (a = 15 cm) nach 28 Tagen in N/mm² (hier: 20 N/mm²)*

Frischbetonprüfungen

Beim **Frischbeton** können 4 verschiedene **Konsistenzprüfungen** durchgeführt werden.

1. Ausbreitprüfung:

Ausbreitklasse	F1	F2	F3	F4	F5	F6
Maße in mm	≤ 340	350 – 410	420 – 480	490 – 550	560 – 620	≥ 630
Bezeichnung	steif	plastisch	weich	sehr weich	fließfähig	sehr fließfähig
Empfohlener Anwendungsbereich: ≥ 340 mm						

2. Verdichtungsprüfung:

Verdichtungsklasse	C0	C1	C2	C3
Zahlenwert	≥ 1,46	1,45 – 1,26	1,25 – 1,11	1,10 – 1,04
Bezeichnung:	sehr steif	steif	plastisch	weich
Empfohlener Anwendungsbereich: ≥ 1,10				

3. Setzmaßprüfung:

Setzmaßklasse	S1	S2	S3	S4	S5
Setzmaß in mm	10 – 40	50 – 90	100 – 150	160 – 210	≥ 220
Empfohlener Anwendungsbereich: ≥ 10 mm und ≤ 160 mm					

4. Setzzeitprüfung:

Setzzeitklasse	V0	V1	V2	V3	V4
Setzzeit in s	≥ 31	30 – 21	20 – 11	10 – 6	5 – 3
Empfohlener Anwendungsbereich: ≥ 3 s und ≤ 30 s					

Stoffanteile für Standardbetone

1. Stoffanteile für 1 m³ Frischbeton (nur Anhalt):

Betonfestigkeitsklasse			→	C8/10			C12/15			C16/20		
Zementfestig-keitsklasse	Größtkorn der Gesteinskörnung	Sieblinien bereich	Kon-sistenz	Zement * (kg)	Zugabe-wasser (l)	Gesteins-körnung (kg)	Zement * (kg)	Zugabe-wasser (l)	Gesteins-körnung (kg)	Zement * (kg)	Zugabe-wasser (l)	Gesteins-körnung (kg)
32,5 N 32,5 R	32	günstig	steif	210	85	2008	272	88	1935	290	86	1935
			plastisch	230	108	1935	300	110	1872	320	112	1860
			weich	260	130	1852	330	138	1790	360	136	1769
	16	günstig	steif	230	108	1940	300	110	1878	320	110	1878
			plastisch	250	133	1866	330	135	1800	350	130	1778
			weich	288	156	1780	362	158	1710	398	157	1682
42,5 N 42,5 R	32	günstig	steif	189	85	2025	243	87	1977	261	87	1968
			plastisch	207	109	1958	270	110	1902	288	109	1895
			weich	234	131	1875	297	133	1826	324	131	1801
	16	günstig	steif	210	108	1960	270	112	1907	290	107	1885
			plastisch	230	131	1886	300	135	1825	320	130	1812
			weich	260	154	1798	330	157	1739	360	154	1718

* = Mindestzementgehalt; Eigenfeuchte der Gesteinskörnung ~ 3 %

2. Anzahl der Mischungen für 1 m³ Frischbeton nach Mischergröße (grober Anhalt):

Mischergröße	→	150 l	250 l	375 l	500 l	750 l	1000 l
Anzahl der Mischungen bei:	Steifer Beton	8	5	3,5	2,5	1,5	1
	Plastischer Beton	7,5	4,5	3,5	2	1,5	1
	Weicher Beton	7	4	3	2	1,5	1

Den Angaben liegen folgende Verdichtungswerte zugrunde:
bei steifen Beton C1 = 1,3; bei plastischen Beton: C2 = 1,15; bei weichen Beton: C3 = 1,05

74 Expositionsklassen – „Schutzklassen“

Mögliche Schädigungsart: ↓		Umgebungsbedingungen	„Schutzklasse“		Kommt vor bei: (Anwendungsbeispiele)
1. **Bewehrungsschäden** durch **Karbonatisierung**		trocken	XC 1	⇒	Innenbauteilen
		nass, selten trocken	XC 2	⇒	Gründungsbauteilen
		mäßig feucht	XC 3	⇒	Offene Hallen
		wechs. nass/trocken	XC 4	⇒	Außenbauteile mit direkter Beregnung
2. **Bewehrungsschäden** durch **Chloride**	nicht aus Meerwasser	mäßig feucht	XD 1	⇒	Einzelgaragen
		nass, selten trocken	XD 2	⇒	Solebäder
		wechs. nass/trocken	XD 3	⇒	Fahrbahndecken, Parkdecks
	aus Meerwasser	Salzluft	XS 1	⇒	Außenbauteile in Küstennähe
		unter Wasser	XS 2	⇒	Bauteile in Hafenbecken
		Sprühnebel, Tidebereich	XS 3	⇒	Kaimauern
3. **Betonschäden** durch **Frost**	mäßig Wasser	ohne Taumittel	XF 1	⇒	Außenbauteile
		mit Taumittel	XF 2	⇒	Verkehrsflächen
	viel Wasser	ohne Taumittel	XF 3	⇒	Offenen Wasserbehälter
		mit Taumittel	XF 4	⇒	Straßenbelägen
4. **Betonschäden** durch angreifende **Chemikalien**		schwach	XA 1	⇒	Güllebehältern
		mäßig	XA 2	⇒	Bauteile in/um Meerwasser
		stark	XA 3	⇒	Gärfuttersilos, Kühltürme mit Rauchgasableitung
5. **Betonschäden** durch **Verschleiß**		mäßig	XM 1	⇒	Böden durch luftbereifte Kfz beansprucht
		schwer	XM 2	⇒	Böden durch vollgummi Kfz beansprucht
		extrem	XM 3	⇒	Böden durch Kettenfahrzeuge beansprucht
Keine Schädigungsgefahr für Beton		Alle Umgebungsbedingungen außer: XF, XA und XM	X0	⇒ ⇒	**Unbewehrte** Fundamente und Innenbauteile

Bauteilkatalog

Bauteilkatalog – Auszug aus dem Bereich Gründungen und Wohnungsbau

Bauteilausführungen mit möglichen Umweltbedingungen	Mögliche Schädigungsart durch:																					**Mindest-Druckfestigkeitsklasse**	**Erforderl. Betondeckung**	Überwachungs-Klasse
		Karbonatisierung				Chlorid			Meerwasser			Frost				Chem. Angriff			Verschleiß					
	XO	XC				XD			XS			XF				XA			XM				**Cmin** (mm)	ÜK
		1	2	3	4	1	2	3	1	2	3	1	2	3	4	1	2	3	1	2	3			
unbewehrt	X																					C8/10	–	1
Fundament, Gründung																								
bewehrt			X																			C16/20	20	1
Schw. chem. Angriff, unbewehrt																X						C25/30	-	1
Fundament, Gründung																								
Schw. chem. Angriff, bewehrt			X													X						C25/30	20	2
Innenbauteile bewehrt		X																				C16/20	10	1
Bewehrte Bauteile im Freien																								
a) Frost					X							X										C25/30	25	1
b) Senkr. + Frost + Sprühnebel					X	X							X									C35/45	40	2
c) Waager. + Frost + Tausalz					X			X							X							C30/37(LP)	40	2
Bew. Baut. mit Zutritt Außenluft																								
a) ohne Frost				X																		C20/25	20	1
b) mit Frost				X								X										C25/30	20	1
c) Senkrecht + Frost + Sprühnebel				X		X							X									C35/45	40	2
Bew. Wände, Decken, Balken,Treppen, Podeste																								
a) innen		X																				C16/20	10	1
b) Außen + Frost					X							X										C25/30	25	1
Bew. Kellerwand, Sockel ü. GOK																								
a) Frost					X							X										C25/30	25	1
b) Frost + Tausalz					X			X							X							C30/37 (LP)	40	2
Tiefgarage: Fahrbereich					X			X											X			C35/45	40	2

76 Grenzwerte für Beton nach Zusammensetzung (1)

„Schutzklasse“	Höchster w/z Wert	Mindest-Betondruckfestigkeit	Mindest-Zementmenge	Bei Anrechnung von Zusätzen:	Beispiele:
	w/z	min f_{ck} (N/mm²)	min *z* (kg/m³)	min *z* (kg/m³)	(Ausführungen mit Standardbeton sind grau unterlegt)
1. Keine Korrosionsgefahr und kein Angriffsrisiko → XO					
XO	-	C8/10	-	-	• Fundamente ohne Bewehrung, ohne Frost • Innenbauteile ohne Bewehrung
2. Gefahr der Korrosion für die Bewehrung durch Karbonatisierung → XC					
XC1	0,75	C16/20	240	240	• Bauteile in Innenräumen mit üblicher Luftfeuchte
XC2	0,75	C16/20	240	240	• Gründungsbauteile
XC3	0,65	C20/25	260	240	• Bauteile, wo Außenluft oft oder häufig Zugang hat
XC4	0,60	C25/30	280	270	• Außenbauteile mit direkter Beregnung
3. Gefahr der Korrosion für die Bewehrung durch Salze (Chloride) **→ XD**					
XD1	0,55	C30/37	300	270	• Brückenwiderlager • Einzelgaragen
XD2	0,50	C35/45	320	270	• Schwimmbecken von Solebädern
XD3	0,45	C35/45	320	270	• Fahrbahndecken • Parkdecks • Verkehrsflächen
4. Gefahr der Korrosion für die Bewehrung durch Salze (Chloride) **aus Meerwasser → XS**					
XS1	0,55	C30/37	300	270	• Außenbauteile in Küstennähe
XS2	0,50	C35/45	320	270	• Bauteile in Hafenanlagen, die unter Wasser liegen
XS3	0,45	C35/45	320	270	• Kaimauern in Hafenanlagen

Grenzwerte für Beton nach Zusammensetzung (2)

„Schutz-klasse“	Höchster w/z Wert w/z	Mindest-Betondruck-festigkeit min f_{ck} (N/mm²)	Mindest-Zement-menge min z (kg/m³)	Bei Anrechnung von Zusätzen: min z (kg/m³)	Beispiele: (Ausführungen mit Standardbeton sind grau unterlegt)
5. Frostangriff mit und ohne Taumittel → XF					
XF1	0,60	C25/30	280	270	• Außenbauteile
XF2	0,50	C35/45	320	-	• Betonbauteile im Sprühbereich von Taumitteln
XF3	0,50	C35/45	320	270	• Bauteile in der Wechselzone von Süßwasser
XF4	0,50	C30/37	320	-	• Straßenbeläge, die mit Taumittel behandelt werden
6. Betonangriff durch aggressive chemische Umgebung → XA					
XA1	0,60	C25/30	280	270	• Behälter von Kläranlagen • Güllebehälter
XA2	0,50	C35/45	320	270	• Bauteile in stark betonangreifenden Böden
XA3	0,45	C35/45	320	270	• Industrieabwasseranlagen • Kühltürme
7. Betonangriff durch Verschleißangriff → XM					
XM1	0,55	C30/37	300	270	• Industrieböden bei Belastung luftbereifter Fahrzeuge
XM2	0,45	C35/45	320	270	• Industrieböden bei Belastung mit Vollgummifahrzeug
XM3	0,45	C35/45	320	270	• Verkehrsflächen, befahrbar mit Kettenfahrzeugen

78 Betondeckung der Bewehrung

Betondeckung *c* bei Bauteilen aus Stahlbeton:

Umgebungsbedingungen nach „Schutzklassen“	Stabdurchmesser d_s in mm:	Betondeckung C_{nom} in cm:
XC 1 = trocken (z. B. Innenbauteile)	bis 10	2
	12, 14	2,5
	16, 20	3
	25	3,5
	28	4
XC 2 , XC 3 = nass selten trocken, evtl. feucht (z. B. Gründungsbauteile)	bis 20	3,5
	25	4
	28	4,5
XC 4 = wechs. trocken - nass (z.B. Außenbauteile im Regen)	bis 25	4
	28	4,5
XD1, XD2, XD3 = einf. Salze (z.B. Einzelgaragen, Parkdecks)	bis 28	5,5
XS1, XS2, XS3 = Meersalze (z.B. Bauteile in Küstennähe)	bis 28	5,5

Betonstahl, Betonstabstahl

1. Betonstahlarten mit Kurzzeichen

Betonstahl

- Bewehrungsdraht
  - BSt 500 P = IV P
  - BSt 500 G = IV G
- Betonstahl in Ringen
  - BSt 500 KR = IV KR
- **Betonstabstahl** (BSt… **S**)
  - BSt 500 S = IV S
  - BSt 420 S = III S *(heute selten)*
- **Betonstahlmatten** (BSt… **M**)
  - BSt 500 M = IV M

2. Abmessungen und Gewichte für Betonstabstahl BSt 500 S

Stabdurchmesser d_s in mm:	**6**	**8**	**10**	**12**	**14**	**16**	**20**	**25**	**28**
Querschnittsfläche A in cm^2:	*0,283*	*0,503*	*0,785*	*1,13*	*1,54*	*2,01*	*3,14*	*4,91*	*6,16*
Gewicht *G* in kg/m:	**0,222**	**0,395**	**0,617**	**0,888**	**1,21**	**1,58**	**2,47**	**3,85**	**4,83**

3. Umrechnung von Bewehrungen bei Betonstabstählen

Bei der Herstellung von Stahlbetonbauteilen kann es vorkommen, dass die vorgesehene Bewehrung durch eine **Ersatzbewehrung** *(→ Betonstabstähle mit kleinerem oder größerem Durchmesser)* „ersetzt“ werden muss.

Hierfür gilt folgende Umrechnungsformel:

$$n = \frac{z \cdot A_1}{A_2}$$

Es bedeuten:

n = Anzahl der Stäbe für die Ersatzbewehrung

z = Anzahl der (alten) vorgesehenen Bewehrung

A_1 = Querschnittsfläche eines Stabes der (alten) vorgesehenen Bewehrung

A_2 = Querschnittsfläche eines Stabes der Ersatzbewehrung

80 Betonstabstähle – Biegungen

Was ist bei „Biegungen“ von Betonstabstählen zu beachten?

	Haken	Winkelhaken und Bügel	Aufgebogene Stäbe
Darstellung:	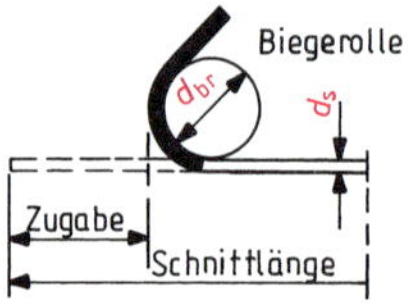	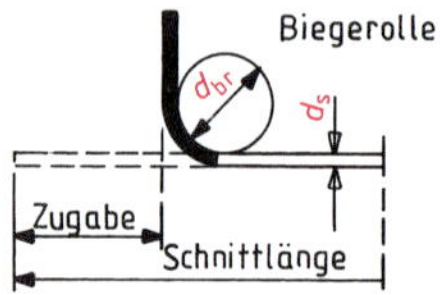	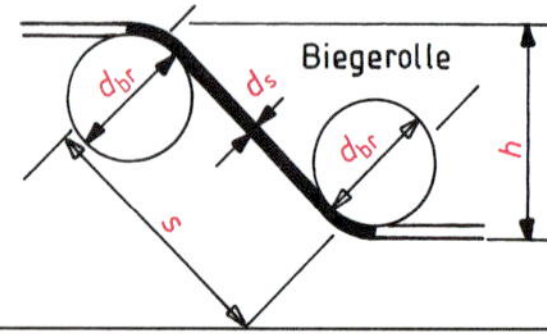
Darstellung in Zeichnungen:		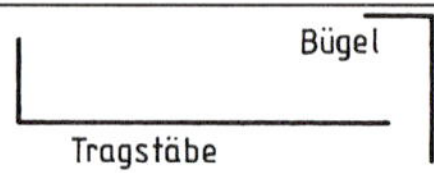	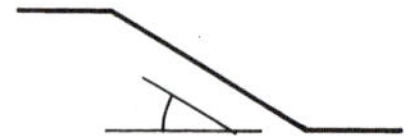
Durchmesser d_{br} der Biegerolle	a) $d_s < 20$ mm: **d_{br} = mind. 4 x d_s** b) $d_s \geq 20$ mm: **d_{br} = mind. 7 x d_s**		a) **d_{br} = 10 x d_s** wenn seitl. Betondeckung > 10 cm und ≥ 7 d_s b) **d_{br} = 15 x d_s** wenn seitl. Betondeckung > 5 cm und > 3 d_s c) **d_{br} = 20 x d_s** wenn seitl. Betondeckung ≤ 5 cm und ≤ 3 d_s
Zugabelänge (Gesamthakenlänge)	$d_s \leq 16$ mm: ≈ **10 x d_s** $d_s \geq 20$ mm: ≈ **12 x d_s**	$d_s < 20$ mm: ≈ **7 x d_s** $d_s \geq 20$ mm: ≈ **8 x d_s**	
Aufbiegungslänge			∡ 30° → s = **2,0 x ($h - d_s$)** ∡ 45° → s = **1,414 x ($h - d_s$)** ∡ 60° → s = **1,155 x ($h - d_s$)**

Betonstahlmatten (1)

Das ist das „Lieferprogramm“ von Lagermatten BSt 500 M

Mattentyp	Querschnitte längs	Querschnitte quer	Länge Breite	Gewicht je Matte / je m²	Mattenaufbau in Längsrichtung und Querrichtung: Stababstände	Stabdurchmesser Innenbereich	Stabdurchmesser Randbereich	Anzahl der Längsrandstäbe (Randeinsparung) links	Anzahl der Längsrandstäbe (Randeinsparung) rechts	Überstände links/rechts
	cm²/m		m	kg	mm	mm		links	rechts	mm
Q 188	1,88			**41,7**	150	6,0				75
A/B		1,88		3,02	150	6,0				25
Q 257	2,57			**56,8**	150	7,0				75
A/B		2,57		4,12	150	7,0				25
Q 335	3,35		6,00	**74,3**	150	8,0				75
A/B		3,35	2,30	5,38	150	8,0				25
Q 424	4,24			**84,4**	150	9,0	7,0	4	4	75
A/B		4,24		6,12	150	9,0				25
Q 524	5,24			**100,9**	150	10,0	7,0	4	4	75
A/B		5,24		7,31	150	10,0				25
Q 636	6,36		6,00	**132,0**	100	9,0	7,0	4	4	62,5
A/B		6,28	2,35	9,36	125	10,0				25
R 188	1,88			**33,6**	150	6,0				125
A/B		1,13		2,43	250	6,0				25
R 257	2,57			**41,2**	150	7,0				125
A/B		1,13		2,99	250	6,0				25
R 335	3,35		6,00	**50,2**	150	8,0				125
A/B		1,13	2,30	3,64	250	6,0				25
R 424	4,24			**67,2**	150	9,0	8,0	2	2	125
A/B		2,01		4,87	250	8,0				25
R 524	5,24			**75,7**	150	10,0	8,0	2	2	125
A/B		2,01		5,49	250	8,0				25

A = normalduktil; **B** = hochduktil (auf Anfrage)

82 Betonstahlmatten (2) – Beispiel

Mithilfe der Tabelle (Blatt 81) können alle Informationen über jede Lagermatte entnommen werden:

Beispiel: **R 335A**

So sieht der **Innenbereich der R 335A** aus: (Maße in mm)

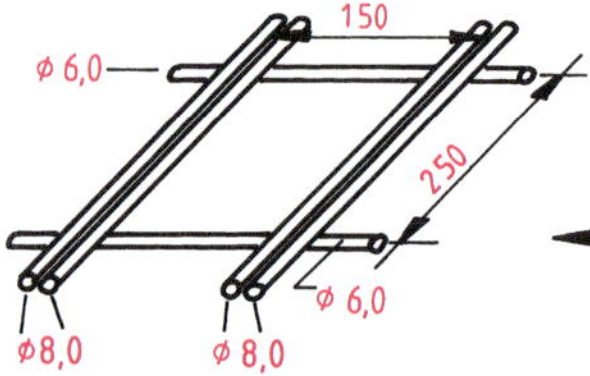

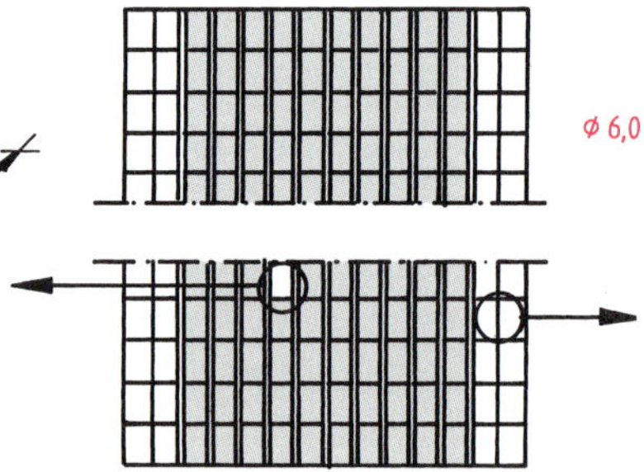

So sieht der **Randbereich der R 335A** aus: (Maße in mm)

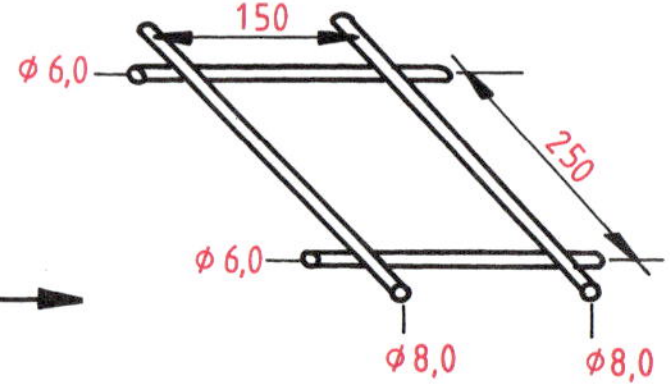

Matten**breite**: 2,30 m
Matten**länge**: 6,00 m

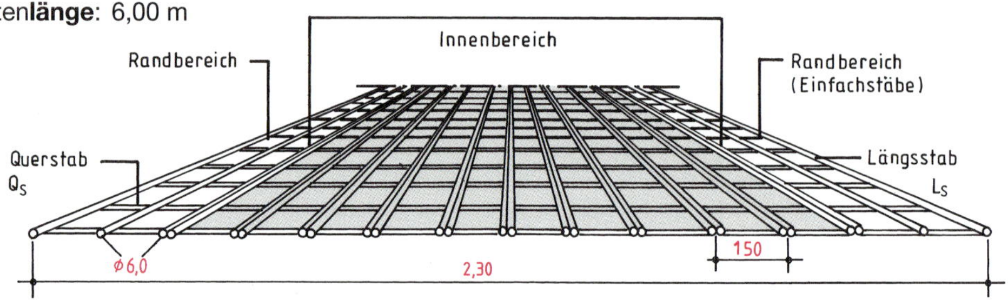

Gerade Treppen

Um gleiche Steigungen und Auftritte zu bekommen, muss eine Treppe berechnet werden.

Durch eine Treppenberechnung werden bestimmt:

- **Anzahl der Stufen** ***n***
- **Steigungshöhe** ***s*** (= einschl. Belag)
- **Auftrittsbreite** ***a***
- **Treppenlauflänge** ***l*** und
- (wenn erforderlich) die lichte Durchgangshöhe

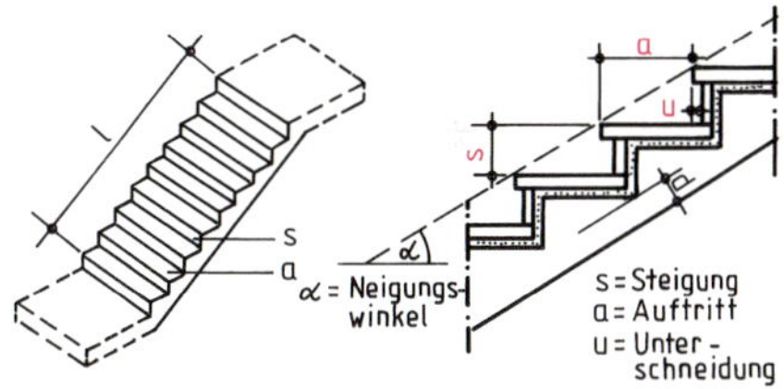

Und das sind die entsprechenden Formeln hierzu:

Anzahl der Stufen ***n*** = Geschosshöhe ***h*** (in cm) : günstige Steigungshöhe **s** (in cm) → *siehe unten*

Steigungshöhe ***s*** = Geschosshöhe ***h*** (in cm) : Anzahl der Stufen ***n***

Auftrittsbreite ***a*** **= 63** cm – 2 x Steigungshöhe ***s***

Treppenlauflänge ***l*** = (Anzahl der Stufen ***n* – 1**) x Auftrittsbreite ***a*** *(→ gilt nur für einläufige Treppen)*

Merke: *bei* ***zweiläufigen*** *Treppen gilt:* ***l* = (*n*/2 – 1) x *a*** ; *bei* ***dreiläufigen*** *Treppen gilt:* ***l* = (*n*/3 – 1) x *a***

In der Praxis haben sich folgende **Steigungshöhen *s*** als günstig (angenehm) herausgestellt:

Treppen in Wohngebäuden:
- Mehrfamilienhäuser *s* = 17–18 cm (α ≈ 30°)
- Einfamilienhäuser *s* = 17–20 cm (α ≈ 36°)
- Keller- und Bodentreppen *s* ≤ 21 cm (α ≤ 40°)

Treppen in öffentlichen Gebäuden:
- Bahnhöfe *s* = 16–18 cm
- Schulen, Kaufhäusern *s* = 14–16 cm

Treppen im Freien:
- Außentreppen an Gebäuden *s* ≈ 15 cm
- Gartentreppen *s* ≈ 14 cm

Die Auftrittsbreite *a* soll immer zwischen 25 und 32 cm liegen.

Ist die Auftrittsbreite kleiner als 26 cm, muss die Trittstufe unterschnitten werden. **Unterschneidung *u*** : höchstens **3 cm**

Bauschnitthölzer (1)

Bezeichnung und Kennzeichen	gängige Vorratshölzer (*b*/*h* in cm)	Querschnittsfläche *A* in cm²	Gewicht[1]) je 1 m Länge in kg
Balken	10/20	200	12,0
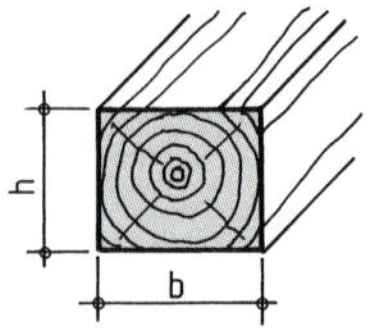 	10/22	220	13,2
Mindestmaße	12/20	240	14,4
***b* > 8 cm**	12/24	288	17,3
***h* ≥ 20 cm**	16/20	320	19,2
	18/22	396	23,8
	20/20	400	24,0
	20/24	480	28,8
Kanthölzer	6/6	36	2,16
Mindest- und Höchstmaße	6/8	48	2,88
***b* ≥ 6 cm**	6/12	72	4,32
***h* ≤ 18 cm**	8/8	64	3,84
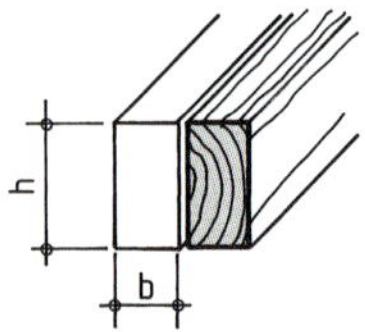 	8/12	96	5,76
	8/16	128	7,68
	10/10	100	6,0
	10/12	120	7,2
	12/12	144	8,64
	12/14	168	10,1
	12/16	192	11,5
	14/14	196	11,8
	14/16	224	13,4
	16/18	288	17,3

[1]) = Bei der Gewichtsangabe wird eine mittlere Rohdichte von 600 kg/m³ angenommen.

Bauschnitthölzer (2)

<table>
<tr><th>Bezeichnung und Kennzeichen</th><th colspan="6">gängige Vorratshölzer (b/h in cm)</th><th colspan="3">Querschnittsfläche A in cm²</th><th>Gewicht[1]) je 1 m Länge in kg</th></tr>
<tr><td rowspan="4">Dachlatten
<u>Mindest- und Höchstmaße</u>
b < 8 cm
A = b x h ≤ 32 cm²
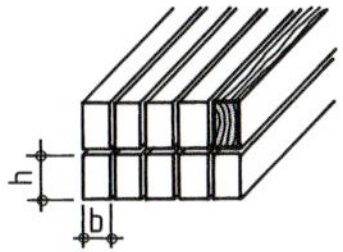</td><td colspan="6">2,4/4,8</td><td colspan="3">11,5</td><td>0,7</td></tr>
<tr><td colspan="6">3,0/5,0</td><td colspan="3">15</td><td>0,9</td></tr>
<tr><td colspan="6">4,0/6,0</td><td colspan="3">24</td><td>1,44</td></tr>
<tr><td colspan="10"></td></tr>
<tr><td rowspan="4">Bohlen
(unbesäumt/ besäumt)
<u>Kennzeichen:</u>
d > 4 cm
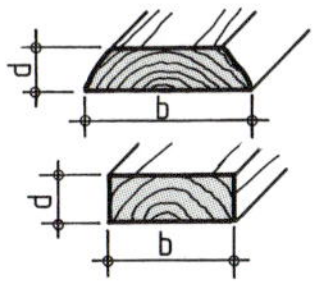</td><td colspan="9">gängige Bohlendicken d (in cm):</td><td rowspan="3">zwischen
1,98 (→ 4,4 x 7,5)
und
13,5 (→ 7,5 x 30)</td></tr>
<tr><td>4,4</td><td>4,8</td><td>5,0</td><td>6,3</td><td>7,0</td><td colspan="4">7,5</td></tr>
<tr><td colspan="9">gängige Bohlenbreite b (in cm):
zwischen 7,5 und 30</td></tr>
<tr><td colspan="10"></td></tr>
<tr><td rowspan="4">Bretter
(unbesäumt/ besäumt)
<u>Kennzeichen:</u>
d ≤ 4 cm
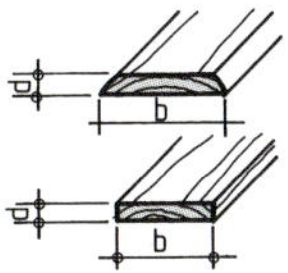</td><td colspan="9">gängige Brettdicken d (in cm):</td><td rowspan="3">zwischen
0,72 (→ 1,6 x 7,5)
und
6,84 (→ 3,8 x 30)</td></tr>
<tr><td>1,6</td><td>1,8</td><td>2,2</td><td>2,4</td><td>2,8</td><td colspan="4">3,8</td></tr>
<tr><td colspan="9">gängige Brettbreite b (in cm):
zwischen 7,5 und 30</td></tr>
<tr><td colspan="10"></td></tr>
<tr><td>Bretter für Betonschalungen</td><td colspan="9">gängige Brettdicke d (in cm):
zwischen 2,2 und 2,4
gängige Brettbreite b (in cm):
zwischen 8 bis 17,5</td><td>zwischen
1,06 (→ 2,2 x 8,0)
und
2,52 (→ 2,4 x 17,5)</td></tr>
</table>

[1]) = Bei der Gewichtsangabe wird eine mittlere Rohdichte von 600 kg/m³ angenommen.

Nagelverbindungen

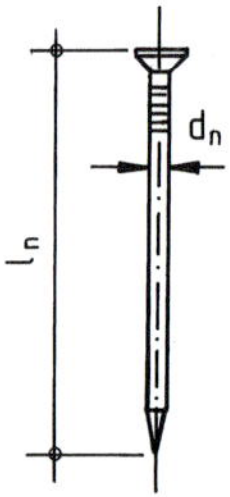

Allgemeine Arbeitsregeln:

- Tragende Nagelverbindungen werden mit **mindestens 4 gleichen Drahtstiften**[1]) (Nägeln) oder mit Sondernägeln (z. B. Schraubnägel, Rillennägel) hergestellt. (→ nach EC 5-Norm: ≥ 2 Nägel)
- Für Nagelverbindungen des Ingenieur-Holzbaues werden die Anordnung der Nägel (Nagelbild), die Nagelart und Nagellänge sowie die Holzdicken vom Tragwerksplaner vorgegeben. → *nicht eigenmächtig entscheiden!*
- Für Arbeiten auf der Baustelle gilt: Zur Befestigung von Brettern, Bohlen und Latten soll die **Nagellänge** das 2,5–3fache der Dicke des dünnsten Holzes (d_{Holz}) betragen.
- Nagellöcher in Nadelhölzer können mit einem Bohrer (bis 0,8 d_n) vorgebohrt werden. Laubhölzer sind immer vorzubohren. Verbindungen mit Sondernägeln nie vorbohren!

Ermittlung der

Einschlagtiefe (s bzw. L)

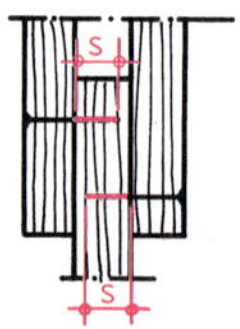

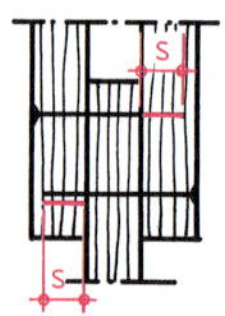

einschnittig ← Nagelverbindung → **zweischnittig**

einschnittig	zweischnittig
$s \geq 12 \times d_n$	$s \geq 8 \times d_n$
bei Rillen- und Schraubnägeln:	
$s \geq 8 \times d_n$	$s \geq 8 \times d_n$

Mindestnagelabstände

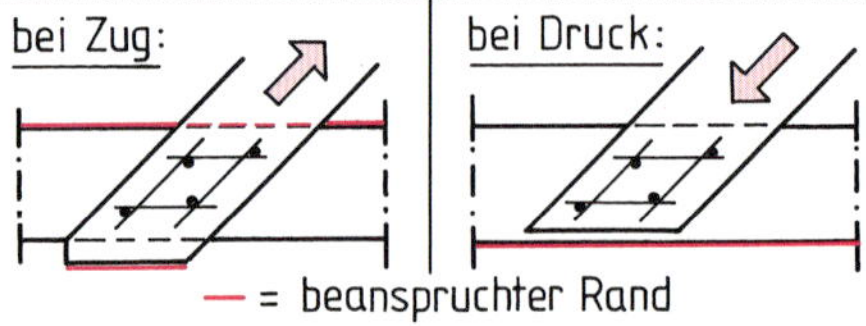

vom **beanspruchten** Rand (nicht vorgebohrt)

⊥ zur Faser: $7 \times d_n$	‖ zur Faser: $15 \times d_n$

vom **unbeanspruchten** Rand (nicht vorgebohrt)

⊥ zur Faser: $5 \times d_n$	‖ zur Faser: $7 \times d_n$

[1]) Ausnahmen gelten für: Schalungen, Latten, Windrispen, Sparren und Pfetten

Putzmörtel – Mörtelgruppen und -arten

Putzmörtel wird eingeteilt in:

1. **Mineralische Putze** → Ausführung als: **Normalputz**mörtel (**G**), **Leichtputz**mörtel (**LW**), **Edelputz**mörtel (**CR**), **Einlagenputz**mörtel für Außen (**OC**), **Wärmedämmputz**mörtel (**T**), **Sanierputz**mörtel (**R**)
2. **Gipshaltige Putze** → Ausführung als: **Gipsbinder** (**A**), **Gips-Trockenmörtel** (**B**), **Gips-Trockenmörtel** für besondere Zwecke (**C**)
3. **Kunstharzputze** → Anwendung für: **Außen- und Innenputz** (**P Org 1**), **Innenputz** (**P Org 2**)

- **Einteilung nach Putzmörtelgruppen** (nach DIN V 18550)

Mörtelgruppen	dazugehörige Mörtelausführung
P I	Luftkalkmörtel, Wasserkalkmörtel, Mörtel mit hydraulischem Kalk
P II	Kalkzementmörtel, Mörtel mit hochhydraulischem Kalk, Mörtel mit Putz- und Mauerbinder
P III	Zementmörtel mit und ohne Zusatz von Kalkhydrat
P IV	Gipsmörtel, gipshaltige Mörtel (aktives Bindemittel ist Luftkalk)

- **Einteilung nach Putzmörtelart** (nach DIN EN 998-1)

Putzmörtelarten nach Eigenschaft und Verwendung	
Normalputzmörtel (Abk.: **GP**)	– Mörtel ohne besondere Eigenschaften vorwiegen für Unterputze – Hertellung nach „Rezept“
Leichtputzmörtel (**LW**)	– Mörtel für leichte Verarbeitung und mit günstigem Temperaturschwankungsverhalten – Hertellung nach „Rezept“
Edelputzmörtel (**CR**)	– farbiger Putzmörtel (mit Pigmetnen) – nur als Oberputz verwenden
Einlagenputzmörtel für Außen (**OC**)	– Mörtel, der einlagig verarbeitet wird (Dicke wie mehrlagiger Putzaufbau) – Mörtel ist i.d.R. farbig eingefärbt – Herstellung nach Eignungsprüfung
Wärmedämmputzmörtel (**T**)	– Mörtel mit wärmedämmenden Eigenschaften – Herstellung nach Eignungsprüfung
Sanierputzmörtel (**R**)	– Mörtel für noch feuchtes Mauerwerk mit hoher Wasserdampfdurchlässigkeit und gutem Trocknungsverhalten – Herstellung nach Eignungsprüfung

88 Festmörteleigenschaften, Putzdicke und Standzeiten

Festmörteleigenschaften		
Anforderung	Einteilung nach **Kategorien** (Abkürzung)	zugeordnete **Werte**
Erforderliche Mörtel-**Druckfestigkeit** (nach 28 Tagen)	**CS I**	0,4 bis 2,5 N/mm²
	CS II	1,5 bis 5,0 N/mm²
	CS III	3,5 bis 7,5 N/mm²
	CS IV	≥ 6,0 N/mm²
kapillare **Wasseraufnahme**	**W 0**	–
	W 1	$c \leq 0{,}40$ kg/(m² · min)
	W 2	$c \leq 0{,}20$ kg/(m² · min)
Wärmeleitfähigkeit	**T 1**	≤ 0,1W/m · K
	T 2	≤ 0,2W/m · K
Wasserdampfdurchlässigkeit	**μ**	zwischen 15 und 25
Baustoffklasse (Brandverhalten)	**A 1**	keine brennbaren Anteile
	A 2	geringe brennbare Anteile

	Putzdicke in mm: mittlere Dicke	Putzdicke in mm: zulässige Mindestdicke	Standzeiten des Putzes
bei **„normalem“** Außenputz	20	15	Je 1 mm Putzdicke = 1 Tag
bei **wasserabweisendem** Außenputz aus Werk-Trockenmörtel: **Einlagenputz**	15	10	
bei **Innenputz**	15	10	Je 1 mm Putzdicke = ³/₄ Tag
bei **einlagigem Innenputz** aus Werk-Trockenmörtel	10	5	
Spritzbewurf	–	–	1–2 Tage

Wandtrockenputz

1. Gipskartonbauplatten (GKB-Platten)

Plattenart	Anwendungsbereiche	Regelabmessungen (in mm)			Gewicht (kg/m²)
		Dicke	Breite	Länge	
Typ **A**	für Innenräume ohne besondere Anforderungen	12,5	1250	2500	9,9
Typ **H**	in Feuchträumen (Küchen, Bäder, Keller)	12,5	1250	2500	10,5
Typ **E**	bei Innenseiten von Außenwänden z.B. Garagen	12,5	1250	2500	10,6
Typ **F**	Innenräume (Dachgeschoss, Flure, Treppenhaus)	12,5	1250	2500	10,0
Typ **P**	Innenräume (als Putzträger geeignet)	12,5	1250	2500	10,6

2. Fugenausbildung und Verspachtelung bei Wandtrockenputz

Verspachtelung

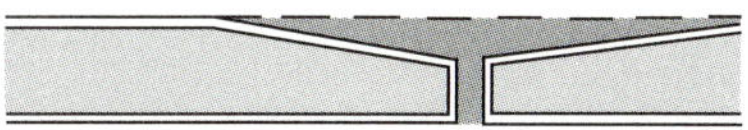

Abgeflachte Kanten

Stumpfstoß

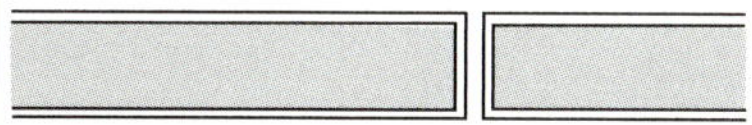

Volle Kanten (keine Verspachtelung)

Verspachtelung

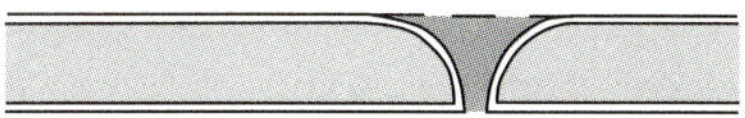

Halbrunde Kanten

Verspachtelung

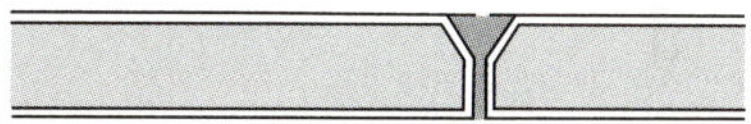

Winkelkante

3. Verbrauchswerte

Ansetzgips			Fugenspachtel		
	Verbrauch	Lieferform		Verbrauch	Lieferform
auf Mauerwerk	5,0 kg/m²	sackweise 30 kg	Längs- und Querfugen	0,5 kg/m²	sackweise 5 kg und 25 kg
auf Gipsplattenstreifen	1,5 kg/m²				

90 Trockenbau – Metallständerwerk

1. Bauelemente und ihre Anwendung

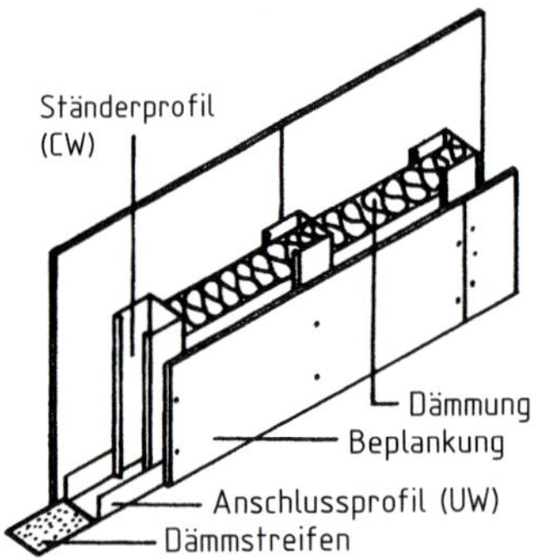

- **UW-Anschlussprofile**:
  ⇒ an alle festen Bauteile unten und oben (Boden, Decke)
- **CW-Ständerprofile** werden aufgestellt:
  ⇒ 1.) an den Seitenwänden; 2.) alle 62,5 cm; 3.) um alle Öffnungen (i.d.R. Türen); 4.) als Queraussteifung ab einer Höhe größer 3,00 m erforderlich
- **UA-Rahmenprofile**
  ⇒ dienen zur Verstärkung der Türöffnung. Sie werden zusätzlich auf die CW-Ständer montiert.
- Bei der **Materialbestellung** werden Öffnungen (z.B. Türen) berücksichtigt → d.h. abgezogen
- Bei der **Materialabrechnung** (Aufmaß) werden Öffnungen $\leq 2{,}50\ m^2$ übermessen → d.h. Türen i.d.R. nicht abziehen!

2. Materialbedarf für 1 m² Trennwand als Einfachständerwerk in Trockenbauweise: (ohne Verschnitt)

Materialart:	Bedarf	Materialart:	Bedarf
UW-Anschlussprofile	$0{,}8\ m/m^2$	Dämmung (Dammstoffplatte)	$1{,}0\ m^2/m^2$
CW-Ständerprofile	$1{,}9\ m/m^2$	Dübelverankerung (Schlagdübel)	$2{,}0$ St./ m^2
UA-Rahmenprofil (z.B. Tür), Zusatz	+ Türmaße	Schnellbauschrauben (einlagig)	30 St./m^2
Dämmstreifen (Anschlussdichtung)	$1{,}3\ m/m^2$	Fugenfüller (einlagig beplankt)	$0{,}6\ kg/m^2$
Beplankung GKB-Platten (einlagig)	$2{,}0\ m^2/m^2$		

Estriche

Nach der Art des verwendeten **Bindemittels** unterscheidet man folgende Arten:

Calciumsulfat-estrich Abk.: CA [1]	Zement-estrich Abk.: CT [2]	Magnesia-estrich Abk.: MA	Gussasphalt-estrich Abk.: AS	Kunstharz-estrich Abk.: SR

[1]) häufig auch als Calciumsulfatfließestrich **(CAF)**
[2]) häufig auch als Hartstoffestrich **(CT)**

Verbrauchswerte für Estrichmörtel

Estrichart	Verbrauch in kg/m² je 1 cm Estrichdicke	Lieferform	Ergiebigkeit	Trockengewicht in kg/m² je 1 cm Dicke
Zementestrich CT 20	19 kg/m²	Sack (40 kg) Silo 19 m³	1,9 t Trockenmörtel = 1000 l Frischmörtel	19 kg/m²
Zementestrich CT 25	19 kg/m²	Silo 19 m³	1,9 t Trockenmörtel = 1000 l Frischmörtel	19 kg/m²
Zementfließestrich CT 20	19 kg/m²	Silo 19 m³	1,0 t Trockenmörtel = 550 l Nassmörtel	20 kg/m²
Calciumsulfat-fließestrich CAF 20	19 kg/m²	Sack (40 kg) Silo 19 m³	1,0 t Trockenmörtel = 550 l Nassmörtel	22 kg/m²

Nach der Art der **Anwendung/Nutzungszweck** (Wohn-, Lager-, oder befahrbare Fläche) richtet sich der Aufbau der Bodenkonstruktion für Nass-Estriche. Hiernach werden unterschieden:

Verbund-estriche	**Estriche auf Trennschicht**	**stark beanspruchte Estriche** (Industrieestriche)	**Estriche/Heizestriche auf Dämmschicht** (schwimmende Estriche)
Abkürzung: **V**	Abkürzung: **T**	Abkürzung: keine	Abkürzung: **S/H**

Fliesen und Platten

Werkmaße (in mm)		Fugenbreite	Anzahl [1])
Breite	Länge	(in mm)	(je m²)
75	150	2	86
75	100	3	84
100	100	2	97
100	150	3	64
150	150	2	44
150	150	3	43
150	200	2	33

Werkmaße (in mm)		Fugenbreite	Anzahl [1])
Breite	Länge	(in mm)	(je m²)
150	300	3	22
200	200	2	25
200	300	4	17
250	250	4	16
300	300	4	11
300	400	5	9
400	400	5	7

[1]) = *Ein Zuschlag von ≈ 5 % für Bruch und Verhau ist eingerechnet.*

2. Mörtelbettdicken für verschiedene Bodenbeläge (bei „Dickbettverfahren“)

Beschreibung der Bodenbelagsausführung	Mörtelbettdicke (in mm)
• Fliesen und Platten auf Trennschicht im Innenbereich	30
• Fliesen und Platten auf Trennschicht im Außenbereich	50
• Fliesen und Platten auf Dämmschicht im Innenbereich	45
• Fliesen und Platten auf Dämmschicht im Außenbereich	50

3. Mörtelbedarfsberechnungen (für Wand- und Bodenausführungen mit Fliesen und Platten)

Je m² Fläche und je mm Dicke wird 1 Liter Mörtel benötigt → *ohne Verlust!*

Beispiel: 40 m² Belagsfläche bei 30 mm Mörtelbettdicke benötigen 40 x 30 = 1 200 Liter = 1,2 m³ Mörtel

Dachziegel, Betondachsteine

Das sind typische **Dachziegelarten**:

Flachdachpfanne

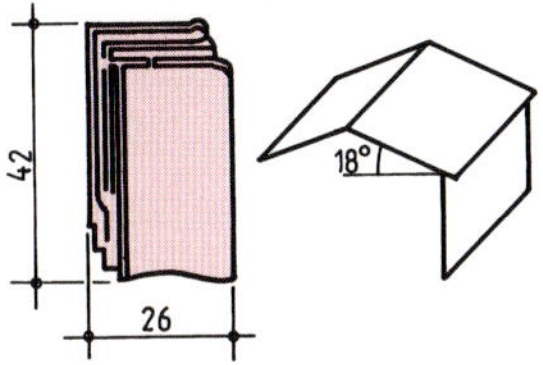

15 Pfannen je m²

Falzziegel

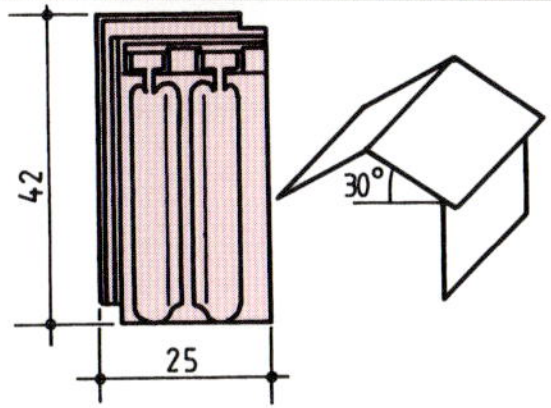

15 Falzziegel je m²

Biberschwanzziegel

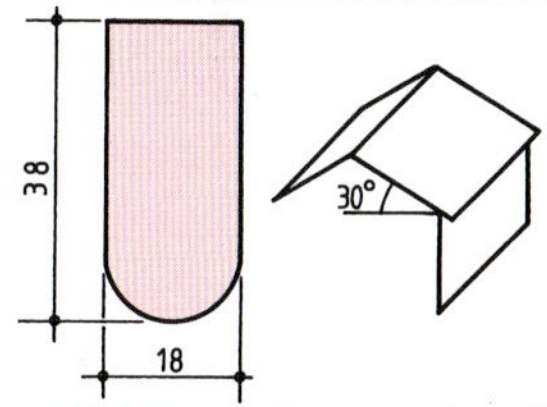

35 Biberschwänze je m²

Das sind typische **Betondachsteine**:

Mit hoch liegender Längsfalz

Symmetrische und asymmetrische Welle

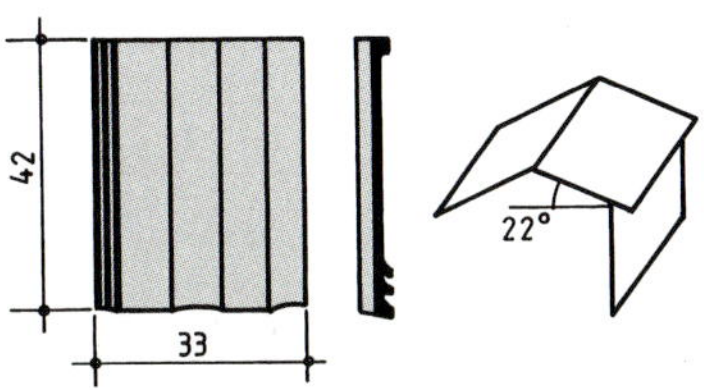

10 Dachsteine je m²

Mit tief liegender Längsfalz

Plattenförmig

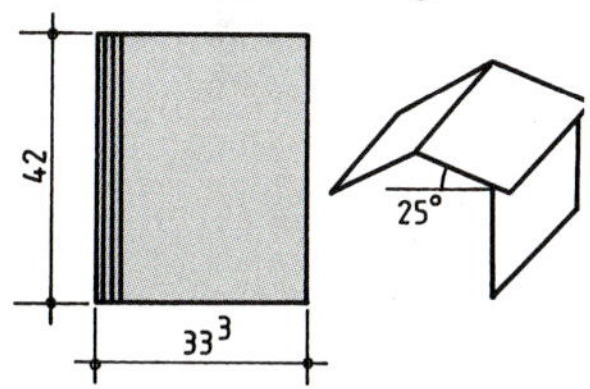

10 Platten je m²

Wandbekleidungen

Für Wandbekleidungen sind zwei Deckungsarten von Bedeutung:

Waagerechte Deckung

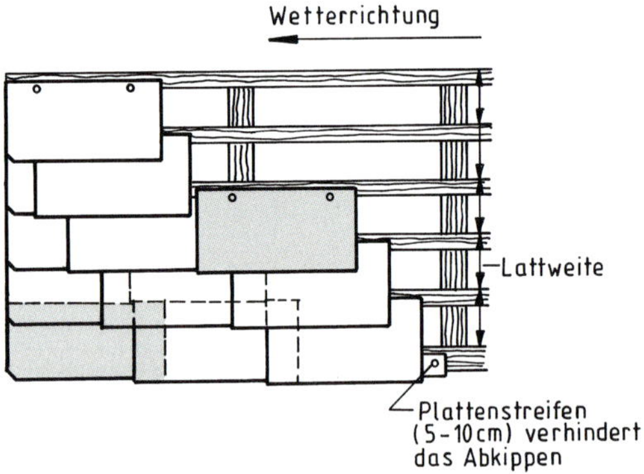

Doppeldeckung

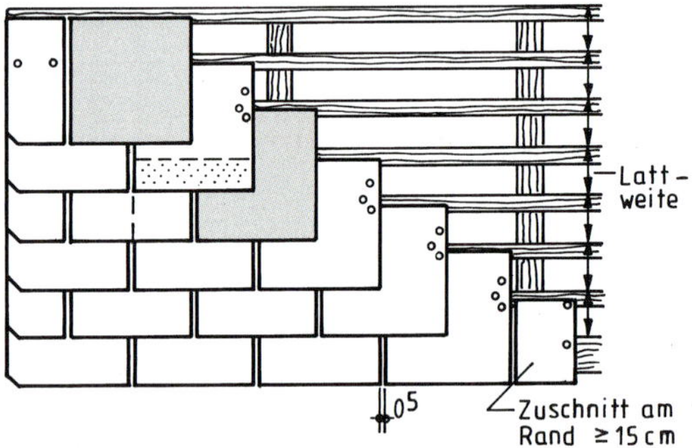

Richtmaße für Wandflächenbekleidungen

Plattengröße:	60/30	40/20	30/20	30/15
Seitenüberdeckung	5 cm	4 cm	5 cm	4 cm
Höhenüberdeckung	4 cm	4 cm	4 cm	3 cm
Lattweite	26 cm	16 cm	16 cm	12 cm

Richtmaße für Wandflächenbekleidungen

Plattengröße:	40/40	30/30	30/60	20/40
Seitenüberdeckung	jeweils halbe Plattenbreite			
Höhenüberdeckung	5 cm			
Lattweite	17,5 cm	12,5 cm	27,5 cm	17,5 cm

4. Baustoffbedarf, Aufmaß und Abrechnung

96 Aufmaßregeln für Baugruben

1. Aushub von Baugruben:

__Beispiel:__ Herstellung von Stahlbetonbauteilen:
(z. B. Fundamentplatte, Stahlbetonaußenwände)

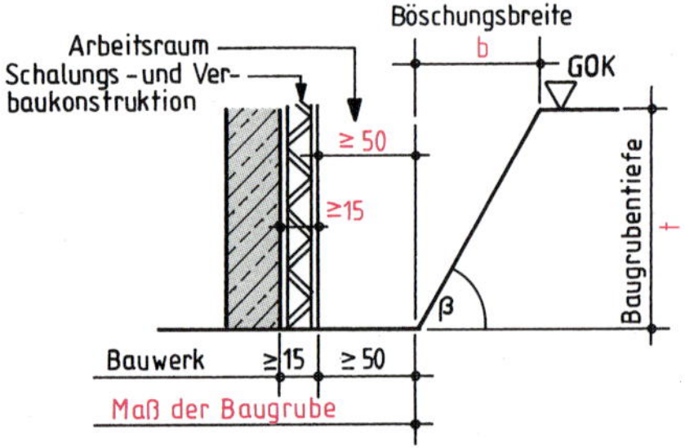

- Aushubtiefe: (Baugrubentiefe *t*)
  - von Erdoberfläche bis zur Sohle von Baugrube
- Maße der Baugrubensohle:
  - Außenmaße des Bauwerkes

  \+ 2 · Mindestbreite betretbarer Arbeitsräume (≥ 50 cm)

  \+ 2 · Maße für Schalungs- und Verbaukonstruktion (≥ 15 cm)

  (gilt nur bei betonierten Kelleraußenwänden)

  __Beispiel:__ Bauwerks<u>länge</u> + 2 · ≥ 0,50 m + 2 · ≥ 0,15 m
- Böschungswinkel β und Böschungsbreite *b*:
  - sind abhängig von der Baugrubentiefe *t* und der Bodenklasse

  Bodenklasse 1 bis 3: ⇒ **β = 45°, *b* = 1,00 *t***

  Bodenklasse 4 und 5: ⇒ **β = 60°, *b* = 3/5 *t* oder 0,6 *t***

  Bodenklasse 6 und 7: ⇒ **β = 80°, *b* = 1/5 *t* oder 0,2 *t***

2. Berechnung von Baugruben:

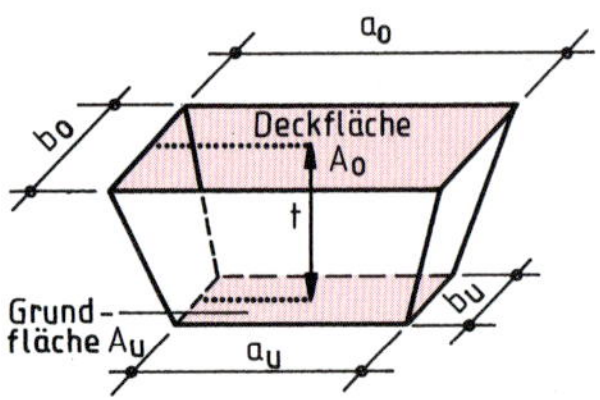

Näherungsformel:

$$V \approx t \cdot \left(\frac{A_u + A_o}{2}\right)$$

<u>So ermittelt man A_u und A_o:</u>

Grundfläche $A_{unten} = a_u \cdot b_u$ (in m²)

→ a_u = Bauwerks**länge** + 2 · Arbeitsraum
(+ 2 · mind. 15 cm für Verbau) → *bei Beton*

→ b_u = Bauwerks**breite** + 2 · Arbeitsraum
(+ 2 · mind. 15 cm für Verbau)) → *bei Beton*

Deckfläche $A_{oben} = a_o \cdot b_o$ (in m²)

→ $a_o = a_u$ + 2 · errechnete Böschungsbreite *b*

→ $b_o = b_u$ + 2 · errechnete Böschungsbreite *b*

Tiefbauarbeiten

Abrechnung: → Erd-, Entwässerungs- und Pflasterarbeiten

Baugruben und Gräben

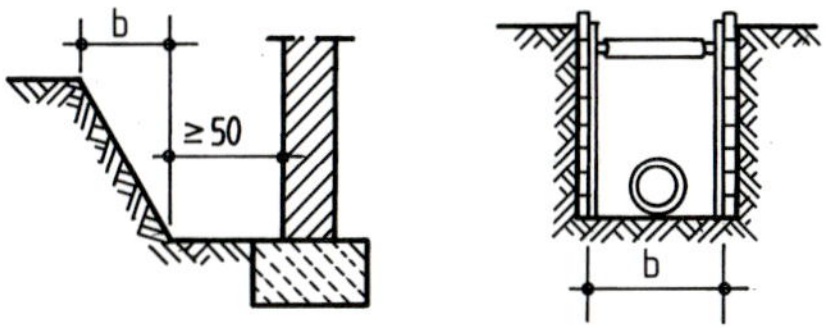

Berechnet werden:

- Der Bodenaushub **nach Aufmaß in m^3**
  - → *Baugruben einschl. Arbeitsraum, Schalungs- und möglicher Verbaukonstruktion (= 0,15 m)*
  - → *Gräben einschl. Verbaukonstruktion (= 0,15 m) oder mit entsprechender Böschung (siehe Blatt 96)*

Gesondert abgerechnet werden:

- Der Oberboden (Mutterboden) nach **der vorhandenen Dicke** in m^3

Abgezogen werden:

- Bei Verfüllen von Baugruben oder Überschütten von Gräben alle Leitungen mit Querschnitt größer **0,1 m^2**

Leitungen und Schächte

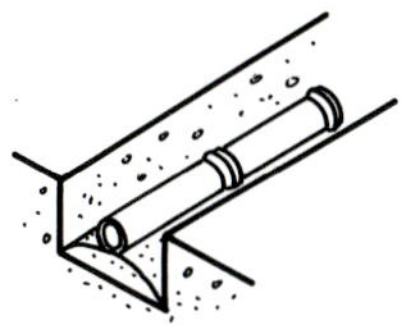

Berechnet werden:

- Entwässerungsleitungen **nach Verlegelänge und** Ø in **m**
- Schächte und Aufsätze (i. d. R. Fertigteile) nach **Stück**

Abzüge: keine

Pflaster und Platten

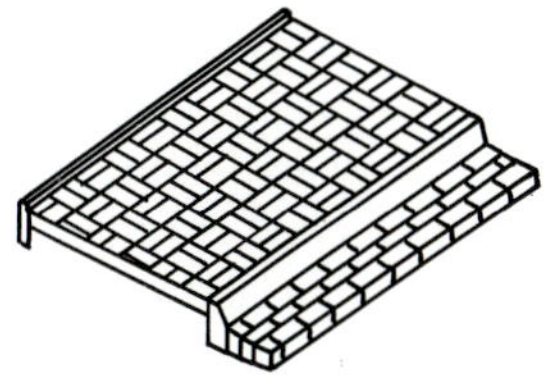

Berechnet werden:

- Pflaster- und Plattenbeläge getrennt nach
  → ***Ausführungsart***
  → ***Arten und Maßen***
  in **m^2**
- **Zuarbeiten** oder **Schneiden** von Platten und Pflaster nach **m** oder **Stück**
- **Einfassungen** (z. B. Bordsteine) nach **m**

98 Arbeitszeitrichtwerte für Tiefbauarbeiten (Anhalt)

Beschreibung der Arbeit:	Zeitbedarf
Bodenaushub/Bodeneinbau:	
• Abtrag von Oberboden (Mutterboden)	1,1 h/m^3
• Aushub von Streifenfundamenten, maschinell/von Hand	1,25 h/m^3 / 1,45 h/m^3
• Aushub von Einzelfundamenten (Bodenklasse 4, per Hand)	3,3 h/m^3
• Aushub einer Baugrube (Bodenklasse 2; Laderaupe oder Bagger)	0,07 h/m^3
• Verfüllen und Verdichten der Baugrube (Füllsand; Laderaupe)	1,12 h/m^3
• Einbau von Filterkies unter der Kellersohle	1,0 h/m^3
Rohrverlegungen:	
• PVC-Grundleitungen im Sandbett verlegen (DN bis 150)	0,3 h/lfdm*
• Steinzeugrohre im Sandbett verlegen (DN bis 150)	0,4 h/lfdm
• PVC-Dränrohre (DN 80 bis DN 150) verlegen	0,15 h/lfdm
• Einbau einer Filterkiespackung um die Dränrohre	0,25 h/lfdm
Pflasterarbeiten:	
• Einbringen und Verdichten des Unterbaumateriales	0,25 h/m^3
• Verlegen von Gehwegplatten 30/30	0,5 h/m^2
• Verlegen von Ziegelpflaster im Sandbett	0,5 h/m^2
• Verlegen von Kleinpflaster 10/10	0,7 h/m^2
• Verlegen von Betonsteinpflaster im Sandbett incl. Randsteine	1,4 h/m^2
• Versetzen von Rand- und Schlusssteinen	0,5 h/lfdm

* lfdm = pro laufender Meter

Stein- und Mörtelbedarf (1)

Wanddicke (in cm)	Steinformat	Steinmaße (in cm) *l*	*b*	*h*	Schichtanzahl (je m Höhe)	Baustoffbedarf je m² Wand [1] Steine	je m² Wand [1] Mörtel (l)	je m³ Wand [1] Steine	je m³ Wand [1] Mörtel (l)
11,5	DF	24,0	11,5	5,2	16	66	29	–	–
	NF	24,0	11,5	7,1	12	50	26	–	–
	2 DF	24,0	11,5	11,3	8	33	19	–	–
17,5	3 DF	24,0	17,5	11,3	8	33	29	189	160
24,0	DF	24,0	11,5	5,2	16	132	70	550	292
	NF	24,0	11,5	7,1	12	99	65	412	271
	2 DF	24,0	11,5	11,3	8	66	50	275	210
	3 DF	17,5	24,0	11,3	8	45	50	186	205
	4 DF	24,0	24,0	11,3	8	33	40	138	166
	5 DF	30,0	24,0	11,3	8	27	38	111	157
	6 DF	36,5	24,0	11,3	8	22	36	90	149
	8 DF	24,0	24,0	23,8	4	16	16	68	60
	10 DF	30,0	24,0	23,8	4	14	20	54	70
	12 DF	36,5	24,0	23,8	4	11	20	47	60
	16 DF	49,0	24,0	23,8	4	9	18	34	60

[1]) Steinbruch mit 3% und Mörtel-Streuverlust mit 25% berücksichtigt

Beispiel zur Handhabung der Tabelle: Herstellung von 7 m² 24er-Mauerwerk aus 4 DF. **Wie viel Steine und Mörtel?**
In Tabelle: Wanddicke → 24,0 → 4 DF (rechts rüber bis Spalte) „je m² Wand“: Steine: 33, Mörtel: 40 l
→ ausrechnen: 7 m² → Steine: 33 x 7 = 231 Stück; Mörtel: 40 x 7 = 280 Liter

100 Stein- und Mörtelbedarf (2)

Wanddicke (in cm)	Steinformat	Steinmaße (in cm) l	b	h	Schichtanzahl (je m Höhe)	Baustoffbedarf je m^2 Wand [1] Steine	Mörtel (l)	je m^3 Wand [1] Steine	Mörtel (l)
30,0	2 DF +	24,0	11,5	11,3	8	33	60	110	200
	3 DF	24,0	17,5	11,3		33		110	
	5 DF	24,0	30,0	11,3	8	33	50	110	165
	10 DF	24,0	30,0	23,8	4	17	20	55	60
	15 DF	36,5	30,0	23,8	4	12	20	38	60
	20 DF	49,0	30,0	23,8	4	8	18	27	60
36,5	DF	24,0	11,5	5,2	16	198	114	541	311
	NF	24,0	11,5	7,1	12	149	104	407	284
	2 DF	24,0	11,5	11,3	8	99	83	271	225
	6 DF	36,5	24,0	11,3	8	33	61	91	180
	12 DF	24,0	36,5	23,8	4	17	22	45	60
	15 DF	30,0	36,5	23,8	4	14	22	35	60
	18 DF	36,5	36,5	23,8	4	11	22	31	60
	24 DF	49,0	36,5	23,8	4	8	21	23	60
49,0	2 DF	24,0	11,5	11,3	8	132	112	269	228
	16 DF	49,0	24,0	23,8	4	17	30	33	60
	20 DF	30,0	49,0	23,8	4	13	26	26	60

Zur Handhabung der Tabelle: → siehe Beispiel Blatt 99 – [1]) Bruch mit 3 %, Mörtelverlust mit 25 % berücksichtigt

Materialbestellung, Materialabrechnung

Material**bestellung** und die Material**abrechnung** sind „zwei verschiedene Schuhe“ und dürfen daher **nicht verwechselt** werden!

Materialbestellung	**Materialabrechnung**
Was wird an Material benötigt? → hier werden **immer** berücksichtigt und abgezogen: • **alle Öffnungen** (z. B. Türen, Fenster) und • **alle Bauteile aus Fremdmaterialien** (z. B. Betonstürze, Ringanker, Fachwerke)	Was wird an Material bei der Leistungsabrechnung mit dem Bauherrn berechnet? → hier werden berücksichtigt und berechnet: • **Öffnungen** (z. B. Türen, Fenster) ab einer bestimmten Größe und • **Bauteile aus Fremdmaterialien** ebenfalls ab einer bestimmten Größe (z. B. Betonstürze, Ringanker, Fachwerke)

Beispiel: Garage
Materialbestellung:

→ abgezogen werden (egal wie groß)

- Garagentor,
- Seitentür,
- Stahlbetonbalken,
- Sturz über der Tür

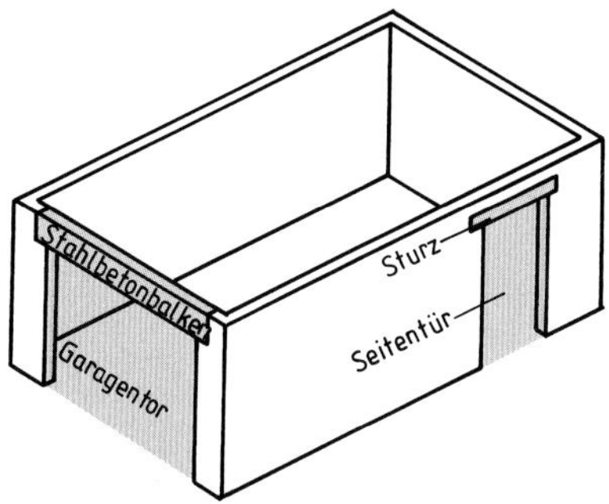

Beispiel: Garage
Materialabrechnung:
→ abgezogen werden
- Garagentor *(> 2,5 m²)*
- Stahlbetonbalken *(> 0,5 m²)*

→ **nicht** abgezogen wird
- Seitentür *(< 2,5 m²)*
- Sturz über der Tür *(< 0,5 m²)*

⇒ ab welcher Größe welche Bauteile „abgezogen“ werden:
☞ siehe Aufmaßregeln bei den einzelnen Gewerken

102 Materialbestellung – Beispiel

Beispiel: **Garage**

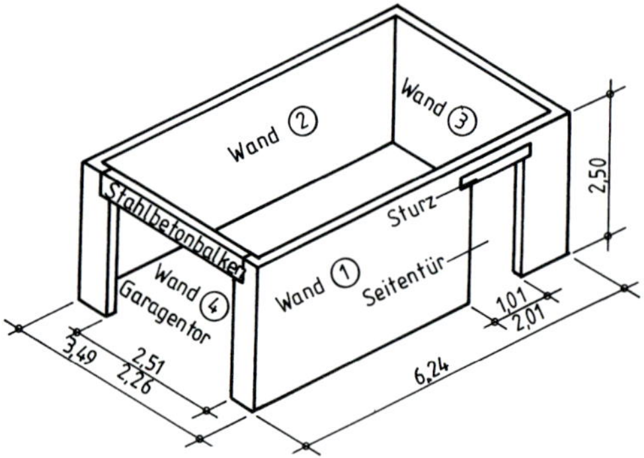

Vorgaben:

- Mauersteine: KS 2 DF
- Mauermörtel: MG II
- Stahlbetonbalken über dem Garagentor:
  (l = 3,00 m; b = 24 cm; h = 24 cm)
- Stahlbetonsturz über der Seitentür
  (l = 1,25 m; b = 24 cm; h = 11,5 cm)

Materialbestellung an Steinen und Mörtel für diese Garage:

a) Flächenermittlung:

① = *Wandfläche ① – Seitentür - Sturz*
= *6,24 m · 2,50 m – (1,01 m · 2,01 m) – (1,25 m · 0,115 m)*
= *13,43 m²*

② = *Wandfläche ②*
= *6,24 m · 2,50 m = 15,60 m²*

③ = *Wandfläche ③*
= *(3,49m – 2 · 0,24 m) · 2,50 m = 7,53 m²*

④ = *Wandfläche ④ – Garagentor – Stahlbetonbalken*
= *(3,49 m – 2 · 0,24 m) · 2,50 m*
– (2,51 m · 2,26 m) – (3,00 m · 0,24 m) = 1,13 m²

Gesamtfläche: = *13,43 m² + 15,60 m² + 7,53 m² + 1,13 m²*
= *37,69 m²*

b) Stein- und Mörtelbedarf:

→ siehe hierzu: Tab. „Stein- und Mörtelbedarf“ (S. 99)
→ 2 DF-Steine = 66 Stück/m²; Mörtel = 50 Liter/m²

Steinbedarf:
37,69 m² · 66 St./m² = ***2488 Stück 2 DF-Steine***

Mörtelbedarf:
37,69 m² · 50 l/m² = ***1885 Liter Mörtel***

Mauerwerk (1) – Wandhöhen

Für Aufmaß und Abrechnung gilt:

Maßgebende **Wandhöhe *h***

Kellermauerwerk

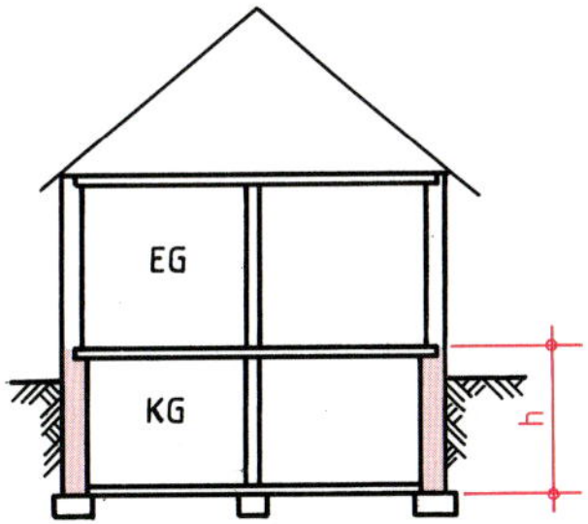

Mauerhöhe *h*
von **Ober**kante Fundament
bis **Ober**kante Rohdecke EG

Außenwände

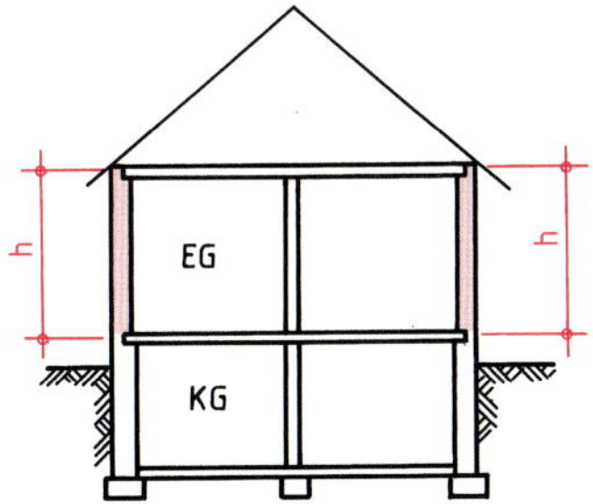

Mauerhöhe *h*
von **Ober**kante Rohdecke
bis **Ober**kante Rohdecke

Innenwände

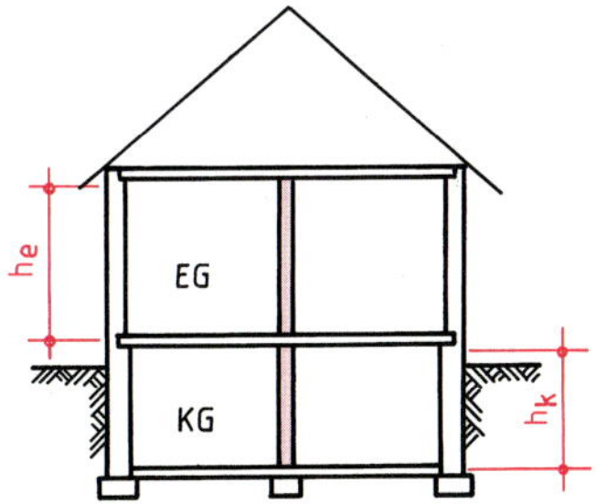

Mauerhöhe h_e (Erdgeschoss)
von **Ober**kante Rohdecke
bis **Unter**kante Rohdecke

Mauerhöhe h_k (Kellergeschoss)
(bei Bodenplatten)
von **Ober**kante Bodenplatte
bis **Unter**kante Rohdecke

104 Mauerwerk (2) – Mauerdicken

Für Aufmaß und Abrechnung gilt:

Maßgebende Mauerdicke *d*

d bis 11,5 cm

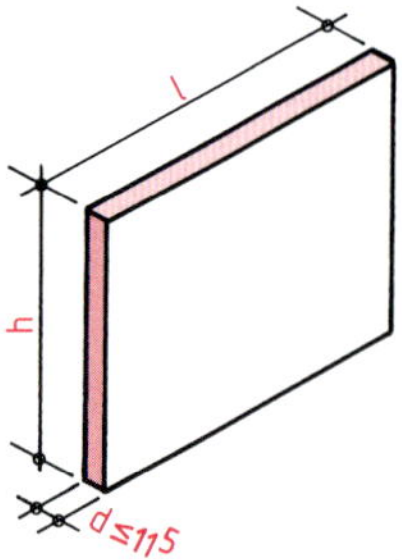

Abrechnung in m^2

$A = h \text{ (in m)} \cdot l \text{ (in m)}$

d von 17,5 cm bis 36,5 cm

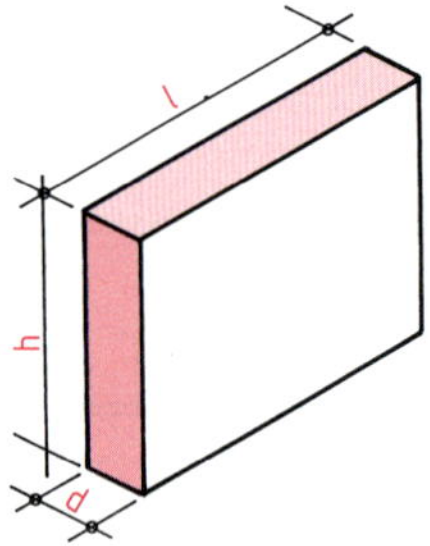

Abrechnung in m^2

$A = h \text{ (in m)} \cdot l \text{ (in m)}$

oder

Abrechnung in m^3

$V = h \text{ (in m)} \cdot l \text{ (in m)} \cdot d \text{ (in m)}$

d über 40 cm

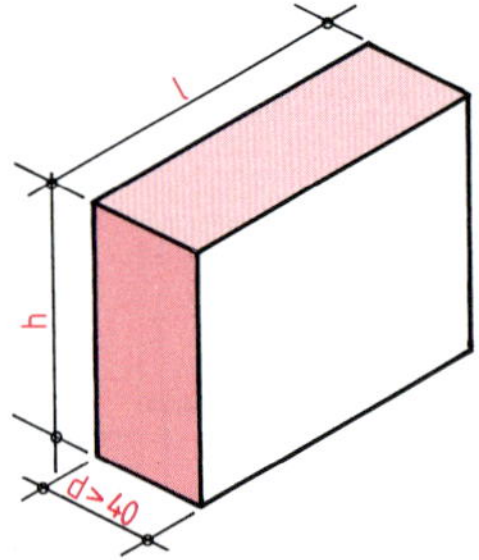

Abrechnung in m^3

$V = h \text{ (in m)} \cdot l \text{ (in m)} \cdot d \text{ (in m)}$

d bis 11,5 cm	*d* von 17,5 cm bis 36,5 cm	*d* über 40 cm
<u>*Beispiel:*</u> h = 2,00 m; l = 3,99 m; **d = 0,115 m** **A** = 2,00 m · 3,99 m = 7,98 m^2	<u>*Beispiel:*</u> h = 2,00 m; l = 3,99 m; **d = 0,24 m** **A** = 2,00 m · 3,99 m = 7,98 m^2 <u>oder</u> **V** = 2,00 m · 3,99 m · 0,24 m = 1,92 m^3	<u>*Beispiel:*</u> h = 2,00 m; l = 3,99 m; **d = 0,49 m** **V** = 2,00 m · 3,99 m · 0,49 m = 3,91 m^3

Mauerwerk (3) – Abzüge

Vom Aufmaß des Mauerwerkes werden abgezogen:

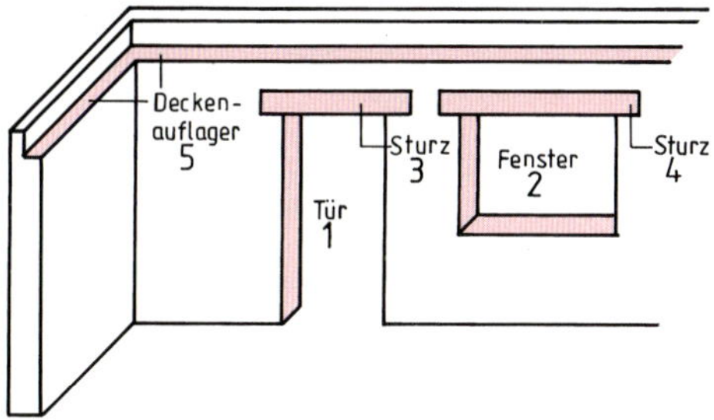

	bei Abrechnung nach m^2	bei Abrechnung nach m^3
Öffnungen (z. B. Türen, Fenster)	**größer als 2,5 m^2**	**größer als 0,5 m^3**
Durchbindende Bauteile (z. B. Rollädenkästen, Stürze)	**größer als 0,5 m^2**	**größer als 0,5 m^3**
Einbindende Bauteile (z. B. Deckenauflager, Schornsteinaussparungen)	-----	**über 0,5 m^3**
Schlitze im Mauerwerk	-----	**über 0,10 m^3**

Beispiel:

Nr.	abziehen, wenn ... in m^2	abziehen, wenn ... in m^3
1 + 2	> 2,5 m^2	> 0,5 m^3
3 + 4	> 0,5 m^2	> 0,5 m^3
5	–	> 0,5 m^3

Kleinere Bauteile und Öffnungen (als die Grenzwerte vorgeben) **werden immer übermessen.**

Mauerwerk (4) – Besonderheiten

Mauerkreuzungen, Mauerecken

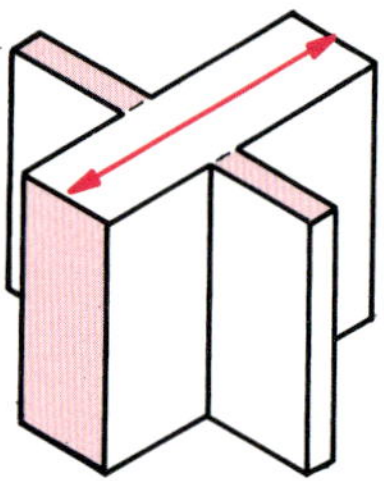

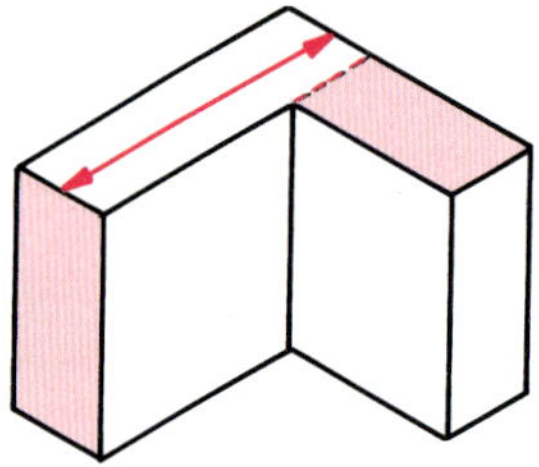

Bei Mauerkreuzungen wird die **dickere** Wand **durchgemessen**.
Bei Mauerecken hat **eine** Wand „Vorfahrt“ → **durchmessen**

Zweischaliges Mauerwerk

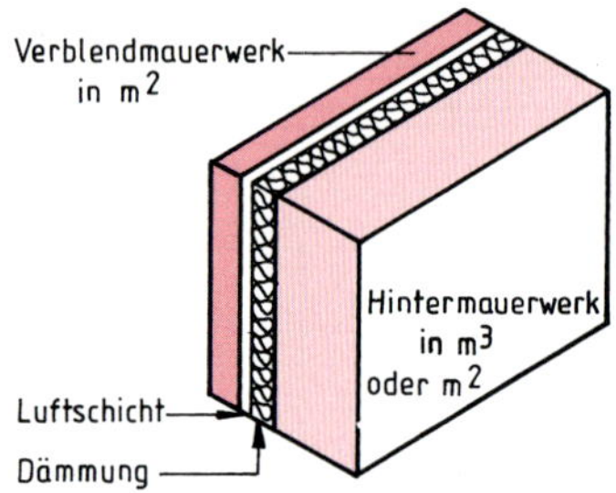

Verblendmauerwerk nach **m^2** aufmessen,
Hintermauerwerk nach **m^2** oder **m^3**

Weiter sind zu beachten:

- **Mauerpfeiler und Mauerstücke zwischen zwei Öffnungen** (z. B. zwischen 2 Türen) **die kleiner als 49 cm** sind, werden **gesondert abgerechnet** → nach Stückzahl in **m** oder **m^3**

- **Fachwerkwände** werden nach **m^2** abgerechnet.
Beachte: Riegel, Ständer, Schwellen und Rähme werden übermessen. Öffnungen über 1 m^2 abziehen

- **Ausmauern von Stahlbetonskeletten**: Abrechnung nach **m^2** oder **m^3**.
Beachte: Beton- und Stahlteile bis 30 cm Breite werden übermessen.

Mauerwerk (5) – Abrechnungsbeispiel

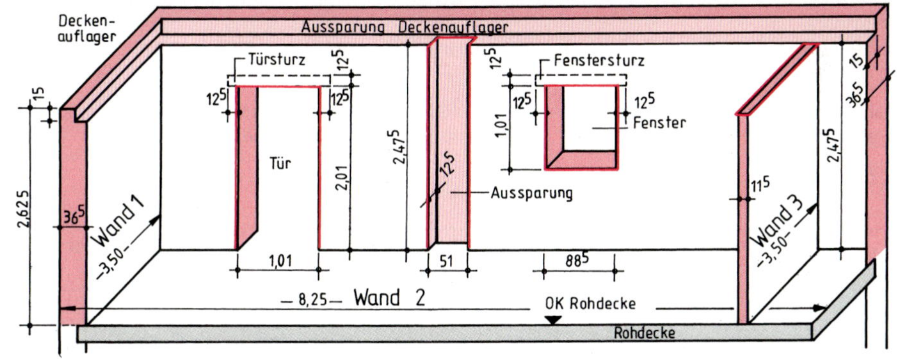

1. Abrechnungsgrößen: **Außenwände** in m^3; $\rightarrow d = 0{,}365$ m **Innenwand** in m^2; $\rightarrow d = 0{,}115$ m

– **Wand 1:** 3,50 m · 2,625 m · 0,365 m = 3,35 m^3 – **Wand 2:** 8,25 m · 2,625 m · 0,365 m = 7,90 m^3

– **Wand 3:** 3,50 m · 2,475 m = 8,66 m^2 ⇒ somit bisher: (3,35 + 7,90) = 11,25 m^3 + 8,66 m^2

2. Abgezogen werden da > 0,5 m^3

– **Tür** (in m^3): 2,01 m · 1,01 m · 0,365 m = 0,75 m^3;

3. Nicht abgezogen werden da < 0,50 m^3 ⇒ – Aussparung: 0,51 m · 2,475 m · 0,125 m = 0,16 m^3

– Fenster (in m^3): 0,885 m · 1,01 m · 0,365 m = 0,33 m^3

– Deckenauflager Wand 2 = 8,25 m · 0,15 m · 0,15 m = 0,19 m^3; – Deckenauflager Wand 1 = 0,08 m^3

– Türsturz: 1,26 m · 0,125 m · 0,365 m = 0,06 m^3; – Fenstersturz: = 0,05 m^3

Ergebnis: abzurechnen sind ⇒ in m^3: 11,25 m^3 – 0,75 m^3 = **10,50 m^3** ⇒ in m^2: = **8,66 m^2**

108 Arbeitszeitrichtwerte für Maurerarbeiten (Anhalt)

<u>Vorgaben:</u> In der Tabelle sind abzugsfähige Öffnungen (z. B. Fenster, Türen) über 2,5 m^2 oder 0,5 m^2 bzw. 0,5 m^3 berücksichtigt.

- Zulagen (z. B. Mindermengen, Abladen mit Kran, Umstapeln, Transport, Höhen > 3 m, Sichtmauerwerk) sind nicht berücksichtigt.

Beachte! Die Tabellenangaben sind Arbeitsstunden für **1 m^3** Mauerwerk *(für die entsprechende Mauerdicke)*
<u>Ausnahme:</u> Wanddicke (Mauerwerk) 11,5 → Arbeitsstunden für **1 m^2** *(→ sind grau unterlegt)*

<u>Beispiel:</u> Die Angabe 5,6 bedeutet:
→ für 1 m^3 24iges Mauerwerk aus 2 DF-Steinen braucht der Maurer 5,6 Stunden.

Steinart	Mauerziegel					Kalksandsteine					Leichtbetonsteine				
Wanddicke	11,5	17,5	24,0	30,0	36,5	11,5	17,5	24,0	30,0	36,5	11,5	17,5	24,0	30,0	36,5
DF	1,1		7,2			1,2		7,3							
NF	0,9		6,1		5,9	1,0		6,2		6,0					
2 DF	0,8		5,6		5,5	0,9		5,6		5,7	0,8		5,6		5,5
3 DF		4,8	5,1				5,0	5,2				4,8	5,0		
2/3 DF				5,1	5,3				5,3	5,5				5,1	5,3
4 DF	0,8		4,8			0,9		5,0			0,9		4,8		
5 DF	0,8		4,6	4,4		0,9		4,7	4,5		0,8		4,6	4,4	
6 DF	0,8		4,7		4,4	0,8		4,8		4,6			4,5		
10 DF			3,3	3,1				3,5	3,4				3,5		
12 DF			3,3		3,0			3,4		3,1			3,4		
16 DF			3,1					3,2					3,2		
20 DF				2,7					2,8					2,8	

Betonmengen – Bauteile

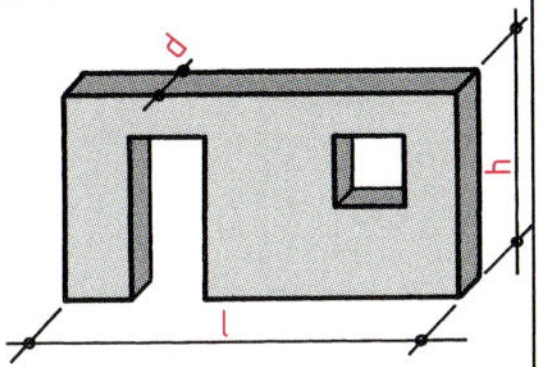

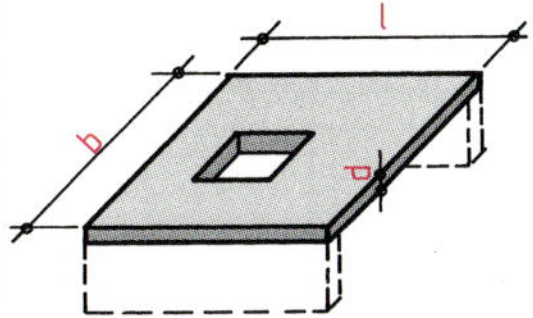

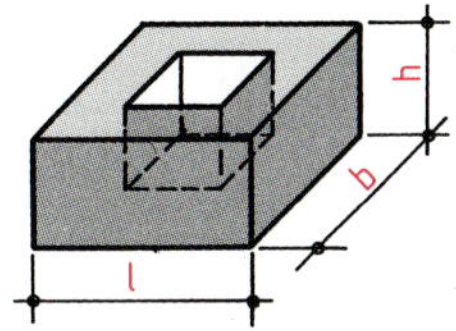

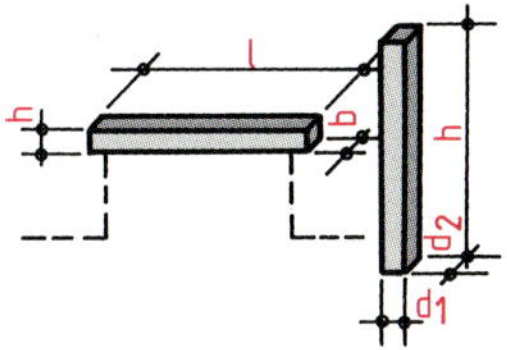

Wände	Decken	Massige Bauteile	Stützen, Balken
Betonwand	Stb-Decke mit Treppenöffnung	Köcherfundament	Sturz und Pfeiler

Die Betonmenge wird immer in Kubikmeter (m^3) abgerechnet!

Wände	Decken	Massige Bauteile	Stützen, Balken
$V = l \cdot h \cdot d$ (alle in m)	$V = l \cdot b \cdot d$ (alle in m)	$V = l \cdot b \cdot h$ (alle in m)	Balken: $V = l \cdot b \cdot h$ Stütze: $V = d_1 \cdot d_2 \cdot h$

Abzüge:

1. **Öffnungen** (z. B.Türen, Fenster, Aussparungen) die **größer** als **0,5 m^3** sind
2. **Einbindungen** und **Durchdringungen** von Bauteilen (z. B. Einzelbalken, Fertigteile) die **größer** als **0,5 m^3** sind
3. **Schlitze** die **größer** als **0,1 m^3** je 1 m Länge sind

Stützen, Balken: keine Abzüge

Merke: Die eingelegte Bewehrung bleibt unberücksichtigt.

Kleinere Bauteile und Öffnungen (als die Grenzwerte vorgeben) **werden immer übermessen.**

110 Betonschalungen (1) – Wände

Betonschalungen hierfür werden immer in Quadratmeter (m²) abgerechnet!

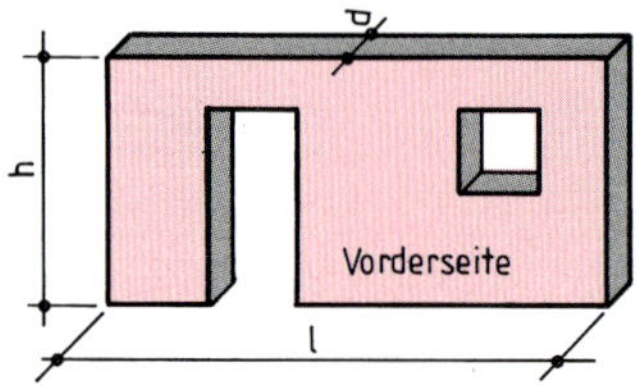

Berechnet werden:

- **Alle geschalten Flächen** (nach „Abwicklung")
  z. B. Vorder- und Rückseite u. a.
  Merke: Alle Schlitze, Nischen o. ä. werden dabei „übermessen".
- Schalungen für die **Leibungen aller Öffnungen** (z. B. Türen, Fenster), Nischen und Schlitze.

Abgezogen werden:

Öffnungen > 2,5 m² (z. B. Türen, Fenster)
(kleinere Flächen werden übermessen)

Beispiel:

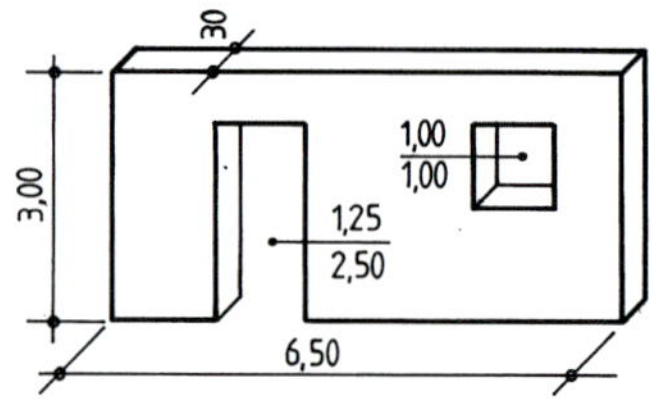

Hier werden **berechnet:**

- Vorder- und Rückseite: 6,50 m · 3,00 m · 2 = 39,00 m²
- 2 Seitenteile: 3,00 m · 0,30 m · 2 = 1,80 m²
- Türleibung: (2 Seitenteile + 1 oberer Teil):
  = 2,50 m · 0,30 m · 2 + 1,25 m · 0,30 m = 1,875 m²
- Fensterleibung: (2 Seitenteile + 2 waagerechte Teile):
  = 1,00 m · 0,30 m · 2 + 1,00 · 0,30 m · 2 = 1,20 m²

Abgezogen wird:

- Türöffnung: (1,25 m · 2,50 m = 3,125 m² > 2,5 m²)
  → *Vorderseite = 3,125 m + Rückseite = 3,125 m² ⇒ 6,25 m²*

Nicht abgezogen wird:

- Fensteröffnung: (1,00 · 1,00 m = 1,00 m² < **2,5 m²**)

Betonschalungen (2) – Decken

Betonschalungen hierfür werden immer in Quadratmeter (m^2) abgerechnet!

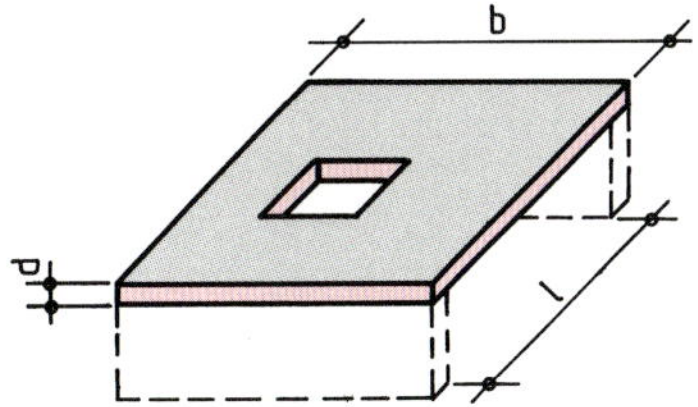

Berechnet werden:

- **Die geschalte Fläche** → Deckenunterseite
  Aufpassen! → Auflagerflächen (z. B. Wände) werden nicht eingeschalt
- **Schalung für die Deckenränder**

Abgezogen werden:

- **Deckenöffnungen** (z. B. für Treppen, Fahrstühle) die **größer** als **2,5 m²** sind → *ansonsten werden sie „übermessen“*

Beispiel:

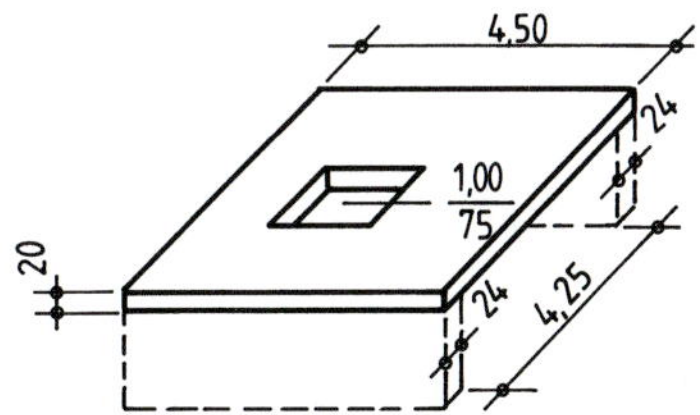

Hier werden **berechnet:**

- Deckenunterseite: 4,25 m · 4,50 m = 19,125 m²
- Deckenrand (alle 4 Seiten):
  = (4,25 m + 2 · 0,24 m + 4,50 m) · 2 · 0,20 m
  = 1,892 m² + 1,80 m² = 3,69 m²
- Öffnungsränder (alle 4 Seiten):
  = (1,00 m + 1,00 m + 0,75 m + 0,75 m) · 0,20 m = 0,7 m²

Nicht abgezogen wird:

- Deckenöffnung: (1,00 m · 0,75 m) = 0,75 m² < **2,5 m²**)

112 Betonschalungen (3) – Balken und Stützen

Schalungen hierfür werden unterschiedlich abgerechnet!

Balken

Geschalte Balken

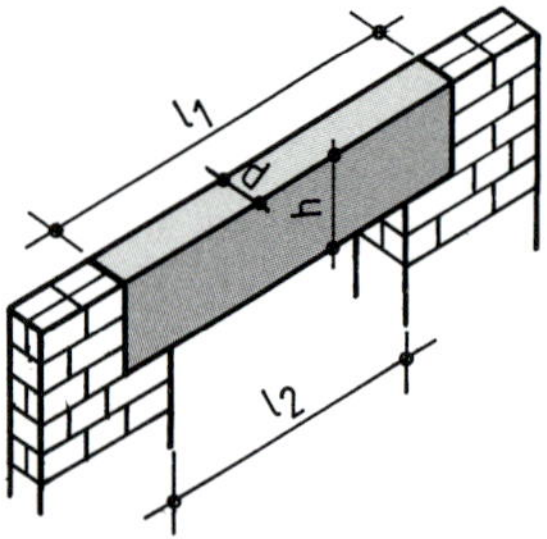

Berechnet werden:

- **Alle geschalten Flächen** nach **m²** (gemäß Abwicklung)

d. h.: →die Bodenplatte und die beiden Seitenplatten

Balken als Fertigteil

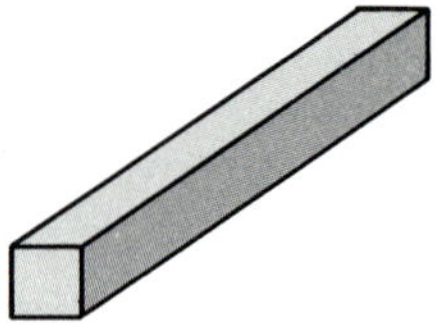

Berechnet wird:

- Der Balken nach **lfd. m Länge**

oder:

- Bei größerer (gleicher) Anzahl nach **Stück**

Abzüge: keine

Stützen

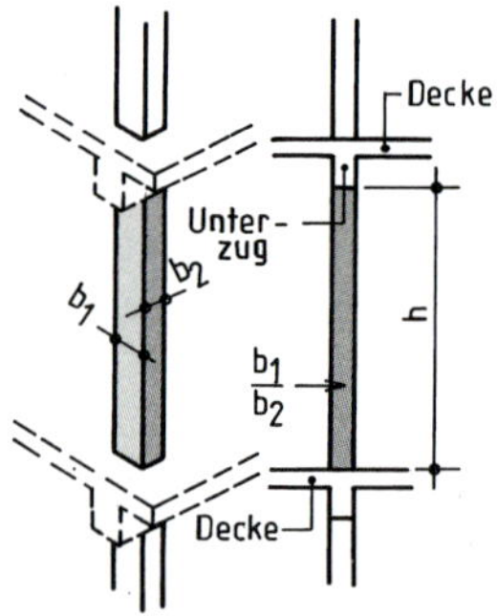

Berechnet wird:

- Bei Einzelherstellung → **alle geschalten Flächen** nach **m²** (gemäß Abwicklung)
- Bei Fertigstützen → nach **Stück**

Abzüge: keine

Betonbewehrungen (1) – Stabstähle

Betonstabstähle werden in einer Betonstahlliste erfaßt und nach Kilogramm (kg) oder Tonnen (t) abgerechnet!

Beispiel:

BETONSTAHLLISTE für BSt 500 S, Kr **– Nordwand Tiefgarage –**

Pos.-Nr.	Stück	Ø mm	Schnitt-länge	Form	Gesamtlänge Ø 6	Gesamtlänge Ø 8	Gesamtlänge Ø 12	d_{br} in mm
1	50	8	1,50			75,0		40
2	72	6	0,36	S - Haken	26,0			
7	8	12	1,40				11,2	
8	55	8	1,50			82,5		40
9	57	8	1,50			85,5		40

		Ø 6	Ø 8	Ø 12
Gesamtlänge	m	26,0	368,8	32,7
Masse je m	kg/m	0,222	0,395	0,888
Masse je Ø	kg	5,8	145,7	29,0
Masse ges.	kg	180,5		

Diese Werte sind wichtig!

Für eigene Berechnungen finden Sie diese in „Richtgrößen der Baustoffe" → Betonstahl (Blatt 79)

114 Betonbewehrungen (2) – Betonstahlmatten

Betonstahlmatten werden in einer Schneideskizze erfasst und nach Kilogramm (kg) oder Tonnen (t) abgerechnet! Dies gilt auch für die Abstandhalter!

Beispiel:

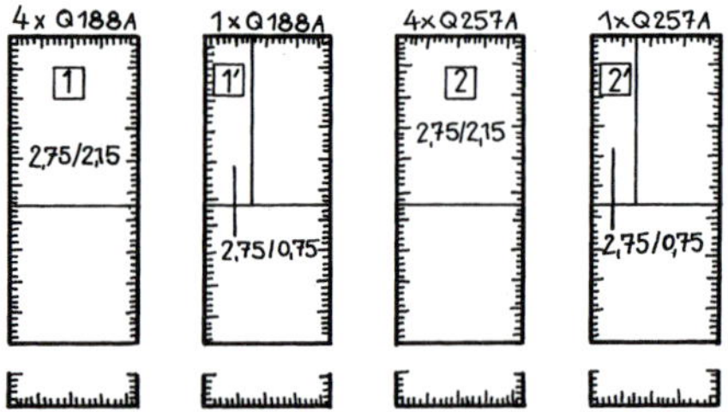

Maßstab 1:100 – Maßteilung in mm

BAUSTAHLGEWEBE Lagermatten 5,00 m (6,00 m) lang		2,15 m breit
Anzahl	Bezeichnung KARI	Gewicht kg
5	Q188A	208,5
5	Q257A	284,0
10	◄ Gesamt ►	492,5

→ siehe hierzu: „Richtgrößen der Baustoffe“, Blatt 81

Unterstützungskörbe APSTA oder SBA

z. B. SBA 14 0,946 kg

60 SBA 14 =
60 · 0,946 kg = 56,76 kg

Gewichte (je Korb) häufig verwendeter Unterstützungskörbe → Auszug

Bezeichnung:	U10	U12	U14	U16	U18	U20	U22	U24
Gewicht in kg	0,801	0,860	0,916	1,097	1,171	1,414	1,494	1,584
Bezeichnung:	SBA10	SBA12	SBA14	SBA16	SBA18	SBA20	SBA22	SBA24
Gewicht in kg	0,830	0,887	0,946	1,134	1,371	1,451	1,537	1,627

Arbeitszeitrichtwerte für Betonarbeiten (Anhalt)

1. Schalungsarbeiten (einschl. Ein-, Ausschalen, Reinigen, Umsetzungsarbeiten mit Kran)

Beschreibung der Arbeit:	Zeitbedarf:
• Bretter für **Streifenfundamente** aufstellen	0,5 h/m^2
• **Einzelfundament** in Brettschalung	1,00 h/m^2
• Stb-**Wand** mit Rahmenschalung	0,8 h/m^2
• Stb-**Wand** mit Großflächenschalung	0,40 h/m^2
• Stb-**Decke** mit Rahmenschalung	0,9 h/m^2
• Stb-**Decke** mit Schaltischen	0,45 h/m^2

Beschreibung der Arbeit:	Zeitbedarf:
• Stb-**Balken** aus Brettschalung	1,20 h/m^2
• Stb-**Balken** mit Systemschalung	0,85 h/m^2
• Stb-**Stütze** aus Brettschalung	1,50 h/m^2
• Stb-**Stütze** mit Systemschalung	0,45 h/m^2
• **Gerade** Stb-**Treppe** in Brettschalung	3,25 h/m^2
• **Gewendelte** Stb-**Treppe** Brettschalung	5,55 h/m^2

2. Bewehrungsarbeiten (einschl. Biege- und Verlegearbeiten, Kraneinsatz)

Beschreibung der Arbeit:	Zeitbedarf:
• Beton**stab**stähle bis Ø **10 mm**	40 h/je Tonne
• Beton**stab**stähle bis Ø **20 mm**	35 h/je Tonne

Beschreibung der Arbeit:	Zeitbedarf:
• Beton**stab**stähle **über** Ø **20 mm**	32 h/je Tonne
• Beton**stahlmatten**	16 h/je Tonne

3. Betonarbeiten (einschl. Einbau und Verdichtung)

Beschreibung der Arbeit:	Zeitbedarf:
• **Streifenfundament** betonieren	2,1 h/m^3
• **Sauberkeitsschicht** betonieren	2,1 h/m^3
• **Einzelfundament** (Baustellenbeton)	5,0 h/m^3
• Stb-**Balken** betonieren	3,5 h/m^3

Beschreibung der Arbeit:	Zeitbedarf:
• Stb-**Decken** betonieren	2,3 h/m^3
• Stb-**Stützen** betonieren	3,7 h/m^3
• Stb-**Wände** betonieren	3,3 h/m^3
• Stb-**Treppen** (gerade)	4,2 h/m^3

116 Zimmerer- und Holzarbeiten (1)

Abrechnung: → **Holzbedarf**

Die Ermittlung des Holzbedarfes sowie die Abrechnung des verbrauchten Holzes wird bei einfachen Holzkonstruktionen mithilfe einer **Holzliste** durchgeführt.

Vorgehensweise:

1. **Alle Hölzer** der (geplanten oder erstellten) Holzkonstruktion **nummerieren** → *Zeichnung!*
2. Die nummerierten Hölzer in die **Holzliste übertragen und berechnen**
   Achtung! → Verschnitt und Zulagen für die Holzverbindungen berücksichtigen

Dies sind Anhaltswerte für die „Zuschläge" der Hölzer bei einer Fachwerkkonstruktion:

Rähm und Schwelle:	→ 3,5 cm für Verschnitt
Pfosten:	→ Stielhöhe (zwischen Rähm und Schwelle) + 2 Zapfenlängen
Strebe:	→ + 2 Zapfenlängen
Riegel:	→ Maß zwischen den Pfosten + 2 Zapfenlängen (Teile eines Riegels werden wie ein Riegel berechnet)

Und so etwa kann eine Holzliste aussehen (Beispiel):

Holz-nummer	Benennung des Holzes	Anzahl	Querschnitt in m/m	Einzellänge in m	Gesamtlänge in m	Volumen in m^3
1	Schwelle	1	0,12 / 0,12	5,175	5,175	0,075
2	Rähm	1	0,12 / 0,12	5,175	5,175	0,075
7	Riegel	4	0,12 / 0,12	1,25	5,00	0,072
				Summe aller Hölzer:	26,12 m	0,375 m^3

Zimmerer- und Holzarbeiten (2)

Abrechnung: → **Hölzer und Bauteile**

Holz und Holzbauteile werden wie folgt abgerechnet:

nach m^3	nach m^2	nach m	nach Stück
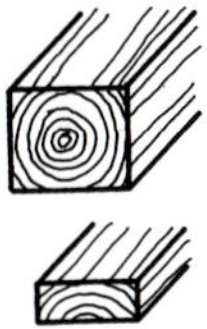	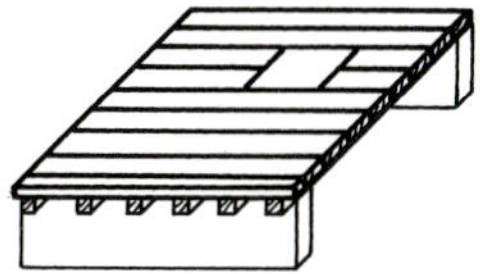	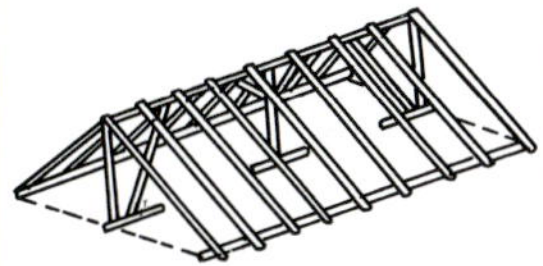	
z. B. Balken, Bohlen	**z. B. Holzbalkendecke**	**z. B. Dachkonstruktion**	**z. B. Blechformteil**
• Alle gelieferten **Vollhölzer** *(→ Balken, Kanthölzer, Bohlen, Bretter und Rundhölzer)* sowie **Brettschichthölzer** In der Regel sind hier <u>keine Abzüge</u> zu berechnen.	• **Wand-, Decken-** und **Dachschalungen** • **Fußböden** • **Bekleidungen** • oft auch **Holzschutzmittel** <u>Abgezogen</u> werden: • **Öffnungen, Aussparungen** die **größer** als **2,5 m^2** sind • (gilt nur für <u>Fußböden</u>): Öffnungen, Aussparungen die **größer** als **0,5 m^2** sind	• Das **Abbinden**, **Aufstellen** und **Verlegen** von Hölzern *<u>Beachte:</u> Berechnet wird die **größte Länge** → also <u>mit</u> Zapfen, Verblattungen oder anderen Holzverbindungen* <u>Zusätzlich berechnet</u> werden: • Das **Bearbeiten** der <u>Holzoberflächen</u> *(→ Hobeln, Schleifen usw.)*	• **Treppen** und **Treppenbauteile** *(z. B. Podeste)* • **Verbindungs-** und **Befestigungsmittel** *(z. B. Dübel, Bolzen, Blechformteile; Nägel, Schrauben → in kg)* • **Vorgefertigte Bauteile** *(z. B. Leimbinder, Unterzüge)* • **Schwierige Verzimmerung** *(z. B. Dachgauben)*

118 Arbeitszeitrichtwerte für Zimmererarbeiten (Anhalt)

Beschreibung der Arbeit:	Zeitbedarf
• Bauholz mit Schutzmittel imprägnieren	0,05 h/m^2
• Fachwerkhölzer (bis 12/12 cm) abbinden, aufstellen und ***zimmermannsmäßig*** verbinden	0,55 h/m
• Fachwerkhölzer (bis 12/12 cm) abbinden, aufstellen und ***ingenieurmäßig*** verzimmern	0,20 h/m
• Wandschalung (→ Stülpschalung) anbringen	0,55 h/m^2
• Deckenbalken abbinden und verlegen (maschinell)	0,18 h/m
• Dachverbandshölzer (z. B. Sparren) abbinden und aufstellen (maschinell)	0,18 h/m
• Dachverbandshölzer mit Schiftungen, Grate u. Kehlen abbinden und aufstellen (maschinell)	0,25 h/m
• Schifter, Grat- und Kehlsparren abbinden und aufstellen	0,42 h/m
• Dachschalung (Vollschalung) aufbringen	0,3 h/m^2
• Waagerechte Abdichtungsbahnen auf Dachschalung aufbringen	0,1 h/m^2

Zum Umgang mit Arbeitszeitrichtwerten:

1. Arbeitszeitrichtwerte in Minuten berechnen:

Arbeit = Deckenbalken abbinden und verlegen (maschinell)

1 h = 60 min → *0,18 h = 60 min · 0,18 = 10,8 min ⇒ 11 Minuten je Meter*

2. Arbeitskosten berechnen (Beispiel):

Vorgaben: *– Facharbeiterlohn (Zimmerer) = 35,– EUR/h;*

– Arbeit = Fachwerkhölzer (bis 12/12 cm) abbinden, aufstellen und ***zimmermannsmäßig*** *verbinden*

Berechnung: Lohnkosten/h · Zeitbedarf = 35 EUR/h · 0,55 h/m = 19,25 EUR je Meter

Putzmörtelbedarf

1. **Baustoffbedarf** (aus mineralischen Bindemitteln) **für 1 m² Putz:**

Putzfläche:	Putzausführung:	**Bedarf** (in Liter/m²)
– **Außenwandputz**	→ **Glattputz** (2,0 cm) auf Mauer- oder Betonwand	U = 16; O = 8
	→ **Kratzputz** (2,0 cm) auf Mauer- oder Betonwand	U = 15; O = 16
	→ **Spritzputz** (2,0 cm) auf Mauer- oder Betonwand	U = 18; O = 6
	→ **Wärmedämmputz** (je cm Dicke) auf Mauerwand	12
– **Innenwandputz**	→ **Reibeputz** (1,0 cm)	13
	→ **Glattputz** (1,5 cm) auf Mauer- oder Betonwand	18
	→ **Glattputz** (1,5 cm) auf Putzträger	U = 11; O = 8
	→ **„Zementputz"** (2,0 cm) auf Mauer- oder Betonwand	U = 15; O = 8
– **Deckenputz**	→ **Glattputz** (1,5 cm) auf Massivdecke	U = 5; O = 15
	→ **Glattputz** (2,0 cm) auf Putzträgern	U = 18; O = 8
	→ **Glattputz** (2,0 cm) auf Holzwolle-Leichtbauplatten	U = 8; O = 15

U = Unterputz; O = Oberputz

2. **Baustoffbedarf** (als Werk-Trockenmörtel): → nach Werksangaben

Mörtelart:	Sackinhalt (in kg)	Mörtelausbeute (in Liter je Sack)	Putzfläche (in m² je Sack)	Putzdicke (in cm)	**Bedarf** (in kg/m²)
– Gipsmörtel	25	25	2,5	1	10
– Gipskalkmörtel	30	30	3,0	1	11
– Kalkzementmörtel	30	25	2,4	1	13
– Zementmörtel	30	20	2,5	1	15

120 Putzarbeiten

nach m²

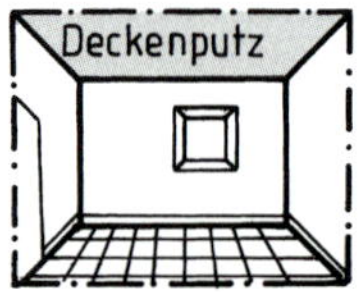

z. B.: Wandputz, Deckenputz

- **Außenwandputz**
- **Innenwandputz**
- **Deckenputz**

Abrechnung: → getrennt nach Putzart
→ Rohbaumaße maßgebend

weiterhin:

- **Metallständerwände** (für Trockenbauweise)
- **Putzträger** (bei großen Flächen)

Abgezogen werden:

- **Öffnungen, Aussparungen, Nischen**, die größer als **2,5 m²** sind
  → *die Leibungen werden dann gesondert berechnet*

Gesondert abgerechnet werden:

- **Grobe Verschmutzungen** des Untergrundes
- **Eckschienen, Kantenschutzprofile u. Ä.**
- Erforderliche **Gerüste** über 2 m Höhe

nach m

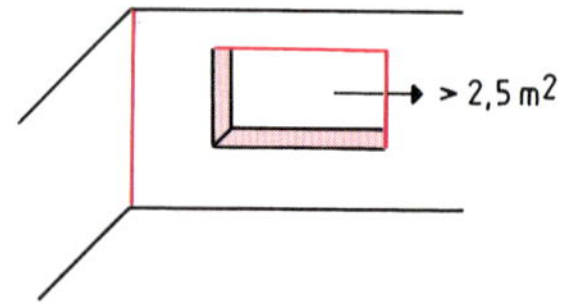

z. B.: Leibungen und Eckschiene

- **Leibungen** von Öffnungen und Nischen
  → *wenn Öffnung größer als **2,5 m²** ist*
- **Streifenputzträger** (bis 1 m Breite)
- Putz an **Säulen, Stützen, Unterzügen**
- mögliche **Stuckprofile**
- **Eck-, Kantenschutz-, Sockelschlussschienen**

Abgezogen werden:

- **Unterbrechungen** über **1 m** Einzellänge

Fliesenarbeiten

nach m²

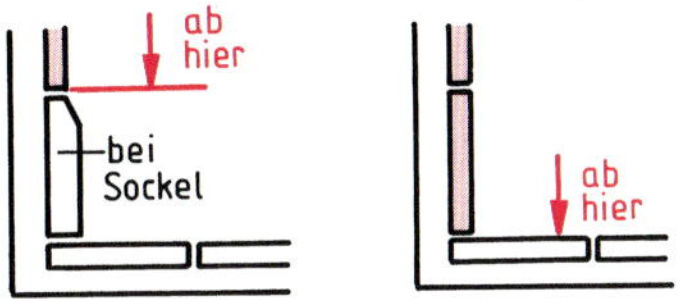

Wandbeläge: Sockel- bzw. Bodenbelagshöhe

- **Bodenbeläge** → *Rohbaumaße*
- **Wandbeläge** → *ab OK Sockel bzw. Bodenbelag*
- **Beläge** an geneigten oder gebogenen **Flächen, Stürzen** usw.
- **Deckenbeläge**

Abgezogen werden:

- **Aussparungen und Öffnungen** die größer als **0,1 m²** sind

nach m

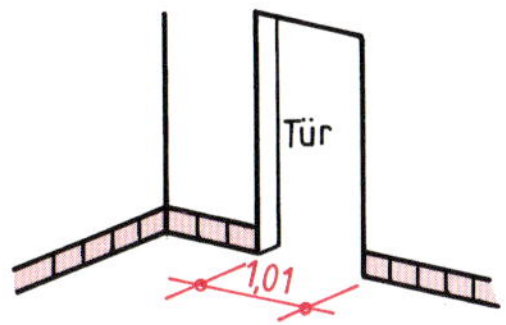

Wandbeläge: Unterbrechungen

- **Sockel, Kehlleisten** (→ Wandbeläge)
- **Trenn-, Dehnungs-** und **Anschlussfugen** (→ Bodenbeläge)
- **Profilleisten, Zierstreifen**
- **Bekleiden besonderer Bauteile** (→ z. B. Brunnen, Säulen, Pfeiler)

Abgezogen werden:

- **Unterbrechungen** die größer als **1,0 m** sind → *z. B. Türöffnungen*

nach Stück

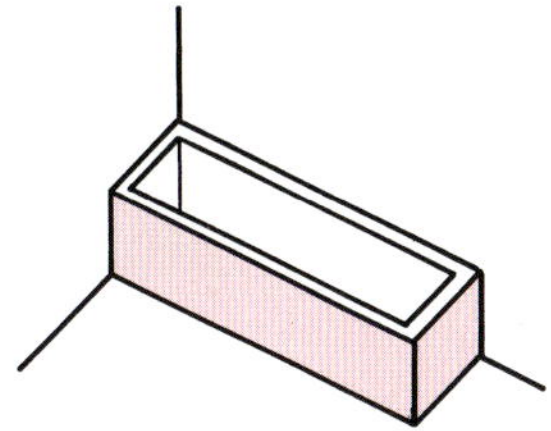

Wannen oder Duschen

- **Einmauern von Wannen**
- **Anarbeiten** → z. B. an Waschtische, Entwässerungsöffnungen
- **Löcher für Steckdosen**
- **Besondere Formstücke** → z. B. Seifenschalen,

Estricharbeiten

nach m²	nach m
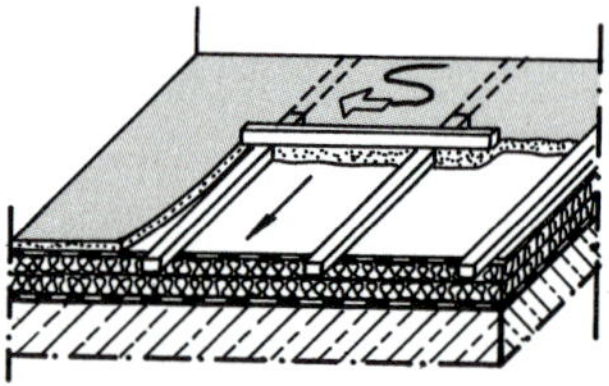 z. B.: Schwimmender Estrich	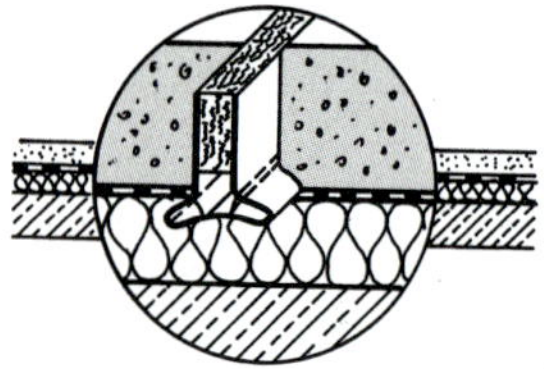 z. B.: Dehnungsfugen
• **Vorbehandlung des Untergrundes** → Rohbaumaße • **Aufbringen von Trennschichten** → Folien • **Aufbringen von Dämmschichten** → abhängig von der Dicke • **Einbringen des Estrich** → getrennt nach der Ausführung	• **Anbringen von Randstreifen** • **Leisten, Profile, Schienen** • **Dehnungs- und Scheinfugen** • **Kehlen, Sockel, Kanten**
Abgezogen werden:	Abgezogen werden:
• **Aussparungen, Mauervorsprünge, Pfeiler, Rohrdurchführungen** die größer als **0,1 m²** sind	• **Unterbrechungen** die größer als **1,0 m** sind → *z. B. Türöffnungen*
Gesondert abgerechnet werden:	
• **Spezielle Reinigung** des Untergrundes → *z. B. Farbreste* • Estriche auf **Stufen und Schwellen** • Anfertigen von **Kanten an Aussparungen** • Aufbringen von **Haftbrücken** • **Schließen** von Aussparungen	

Arbeitszeitrichtwerte für Ausbauarbeiten (Anhalt)

1. Putzarbeiten

Beschreibung der Arbeit:	Zeitbedarf
• Herstellen eines zweilagigen Wandputzes einschl. Spritzbewurf	0,4 h/m²
• Herstellen eines zweilagigen Wandputzes (2,0 cm dick)	0,4 h/m²
• Anbringen von Eck- und Kantenschutzschienen	0,15 h/m

2. Fliesenarbeiten

Beschreibung der Arbeit:	Zeitbedarf
• Fliesen (15 x 15 cm) im Dickbettverfahren verlegen (einschl. Verfugen)	2,10 h/m²
• Fliesen (25 x 25 cm) im Dickbettverfahren verlegen (einschl. Verfugen)	1,80 h/m²
• Fliesen (15 x 15 cm) im Dünnbettverfahren kleben (einschl. Verfugen)	1,10 h/m²
• Fliesen (25 x 25 cm) im Dünnbettverfahren kleben (einschl. Verfugen)	1,08 h/m²

3. Estricharbeiten

Beschreibung der Arbeit:	Zeitbedarf
• Reinigen des Untergrundes	0,05 h/m²
• Wärmedämmplatten als Trittschalldämmung verlegen	0,22 h/m²
• Trennfolie verlegen	0,05 h/m²
• Randdämmstreifen anbringen	0,10 h/m
• Aufbringen, Verdichten und Abreiben eines 5 cm dicken schwimmenden Estrichs	0,70 h/m²
• Aufbringen, Verdichten und Abreiben eines 3 cm dicken Verbundestrichs	0,45 h/m²

124 Dachdeckungs- und Klempnerarbeiten

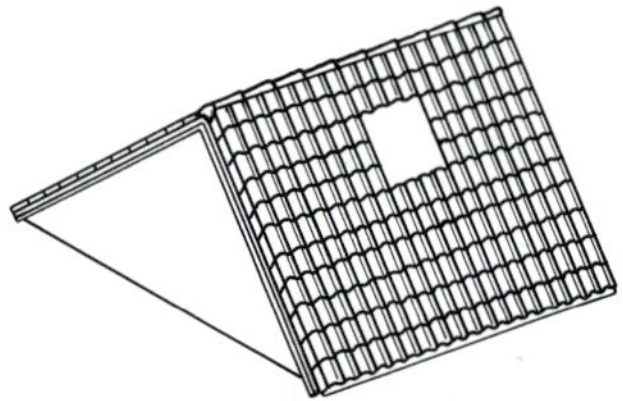

nach m^2	nach m	nach Stück
• **Ziegel- und Betondachstein**deckung • **Schiefer- und Schindel**deckungen • Deckungen mit **Faserzementplatten** • **Metall**deckungen • **Rieddach**deckungen • **Außenwandbekleidungen** • **Dachabdichtungen** mit **Bahnen** Abgezogen werden: • **Aussparungen und Öffnungen**, die größer als **2,5 m^2** sind Gesondert abgerechnet werden: • **Gerüste** mit Arbeitsbühnen höher als 2 m • Bekleiden von **Gauben** • Einbau von **Zubehörteilen** → *z. B. Haken*	• Deckungen von **Firsten, Graten, Kehlen und Ortgängen** • **Geformte Blechteile** an Graten, Kehlen, Traufen • **Dachrinnen und Regenfallrohre** Abgezogen werden: • **Unterbrechungen**, die größer als **1 m** sind Gesondert abgerechnet werden: • **Rohrbögen, Ablaufstutzen, Rinnenwinkel**	• **Anschlüsse an Öffnungen** und **Durchdringungen** (→ *z. B. Abläufe, Schornsteine, Entlüftungsrohre)* • **Dachfenster, Lichtkuppeln**

Arbeitszeitrichtwerte für Dachdeckungsarbeiten (Anhalt)

1. Vorarbeiten am Steildach

Beschreibung der Arbeit:	Zeitbedarf
• Dachfläche fluchtrecht mit Latten (4 x 6 cm) einlatten	0,08 h/m²
• Unterspannbahn verlegen und mit Konterlattung befestigen	0,17 h/m²
• Vollschalung (24 mm dick) auf vorhandene Dachkonstruktion aufbringen	0,37 h/m²
• Volldeckung mit Bitumenbahn (R 333) aufbringen	0,17 h/m²

2. Dachdeckung und Wandflächenbekleidung

Beschreibung der Arbeit:	Zeitbedarf
• Dachfläche mit Dachsteinen (symm. Mittelwulst) eindecken	0,23 h/m²
• Ortgang mit Ortgangsteinen passend zur Deckung eindecken	0,13 h/m
• First mit Firststeinen in mörtelloser Weise verlegen	0,37 h/m
• Dachfläche mit Dachsteinen (Biberformat) in Doppeldeckung eindecken	0,50 h/m²
• Dachfläche mit Hohlpfannen (S-Pfannen) eindecken	0,60 h/m²
• Ortgang mit Formziegel passend zur S-Pfanne eindecken	0,13 h/m
• First mit Firstziegeln in mörtelloser Weise verlegen	0,37 h/m
• Dachfläche mit Doppelmulden-Falzziegel eindecken	0,33 h/m²
• Dachfläche in einf. altdeutscher Deckung mit Schiefersteinen eindecken	0,87 h/m²
• Dachfläche (Neigung > 25 Grad) mit Wellplatten, Profil 5 eindecken	0,30 h/m²
• Wandflächen mit Dachplatten (Format 40 x 40 cm) in Doppeldeckung eindecken	0,63 h/m²
• Wärmedämmung der Außenwände mit Dämmplatten (Dicke 60 mm) anbringen	0,30 h/m²

Sach- und Stichwortverzeichnis

f = folgende Seite, ff = folgende Seiten
Hinweise: Der – bedeutet: Hier muss das entsprechende Sachwort eingesetzt werden.
schräge Schrift = Hier bestehen Querverbindungen zum Sachwort.

Sach- und Stichwortverzeichnis